페이퍼 커팅으로 만드는 페이퍼 플

예쁘다

하루 한 송이 입체꽃

카지타 미키 지음

북핀

머리말

멋지고 아름다운 입체 종이꽃의 세계에 오신 것을 환영합니다.

평소 '꽃'을 소재로 작품을 만드는 경우는 많지만, 꽃만을 이용해 34점이나 만드는 것은 첫 경험이었습니다. 사랑스러운 들꽃부터 정원을 화려하게 해주는 관상화까지… 실물을 보거나 도감과 눈싸움을 하며 '가능한 실물에 가까워야 한다'는 마음과 저의 상상력을 담아 입체 페이퍼 커팅 작품들을 만들었습니다.

이 책의 입체꽃 작품들은 페이퍼 커팅만으로 끝나는 것이 아니라, 실물의 꽃과 흡사한 입체적인 형태를 만드는 것으로 완성됩니다. 이렇게 완성된 작품은 액자에 넣어 장식해도 좋고, 선물을 포장할 때 곁들이거나 코사주로 사용할 수도 있으며, 여러 송이로 부케를 만들어볼 수도 있습니다. 꽃을 만든 후의 사용법을 발견하는 것도 즐거운 일입니다.

도안이 다소 어렵게 느껴진다면 자르기 수월하도록 확대합니다. 무리해서 자잘한 부분을 모두 자르지 말고, 꽃의 윤곽만 자르는 것도 괜찮습니다. 자신감이 붙었다면 간단한 꽃의 도안에 자신만의 도안을 더해 난이도를 높이는 것도 좋습니다.

언뜻 어려워 보여도 자르는 부분만을 집중해서 보면 의외로 간단히 자를 수 있습니다. 처음 페이퍼 커팅을 시작하면서 어려운 도안을 접했을 때는 '하루에 조금씩이라도 자르자. 꾸준히 하면 솜씨는 늘어난다.'라고 생각했습니다. 그날그날의 페이퍼 커팅에 집중하다 보니 어느새 부담을 버리고 즐길 수 있게 되었고, 자연스레 실력도 향상되었습니다.

또, 자르는 부분의 모양을 의식해서 보면 원이나 세세한 부분이 자르기 쉬워집니다. 둥근 부분은 둥글게, 각진 부분은 각으로 자르면 작품에 강약이 생겨 신기하게도 세련되면서도 생명력 넘치는 인상이 되는 것 같습니다.

무리하지 않는 것이 중요합니다. 페이퍼 커팅은 즐거운 작업이니까요.
자, 아름다운 입체 종이꽃의 세계로 들어가 볼까요?

카지타 미키

CONTENTS

봄 꽃

여름 꽃

09: CLEMATIS

16: ROSE PERIWINKLE

17: LILY OF THE VALLEY

가을 꽃

겨울 꽃

29: GENTIAN

30: POINSETTIA

33: JAPANESE APRICOT

봄꽃

SPRING

01
벚꽃

낙엽수에서 피는 꽃으로 많은 이들에게 사랑받는 꽃입니다. 꽃말은 순결, 담백입니다. 서양에서의 벚꽃은 처녀의 순결을 상징하여 그리스도교 전설에서는 성모 마리아의 성목으로 여겨져 왔습니다.

만드는 법	도안
p.69	p.114-115

02
튤립

16세기 터키에서 유럽으로 들여왔고 네덜란드를 중심으로 재배되었습니다. 튤립이라는 이름은 터키어로 '터번'이라는 의미의 '튈벤트'에서 유래되었다고 합니다.

만드는 법 p.70

도안 p.116-117

03
팬지

하나의 꽃에 세 개의 색이 들어 있다고 하여 '삼색제비꽃'이라고도 불립니다. 셰익스피어의 『한여름밤의 꿈』에서는 팬지꽃의 즙이 사랑의 미약으로 등장하기도 했습니다. 꽃말은 '나를 생각해 주세요'

만드는 법 p.72 | 도안 p.117

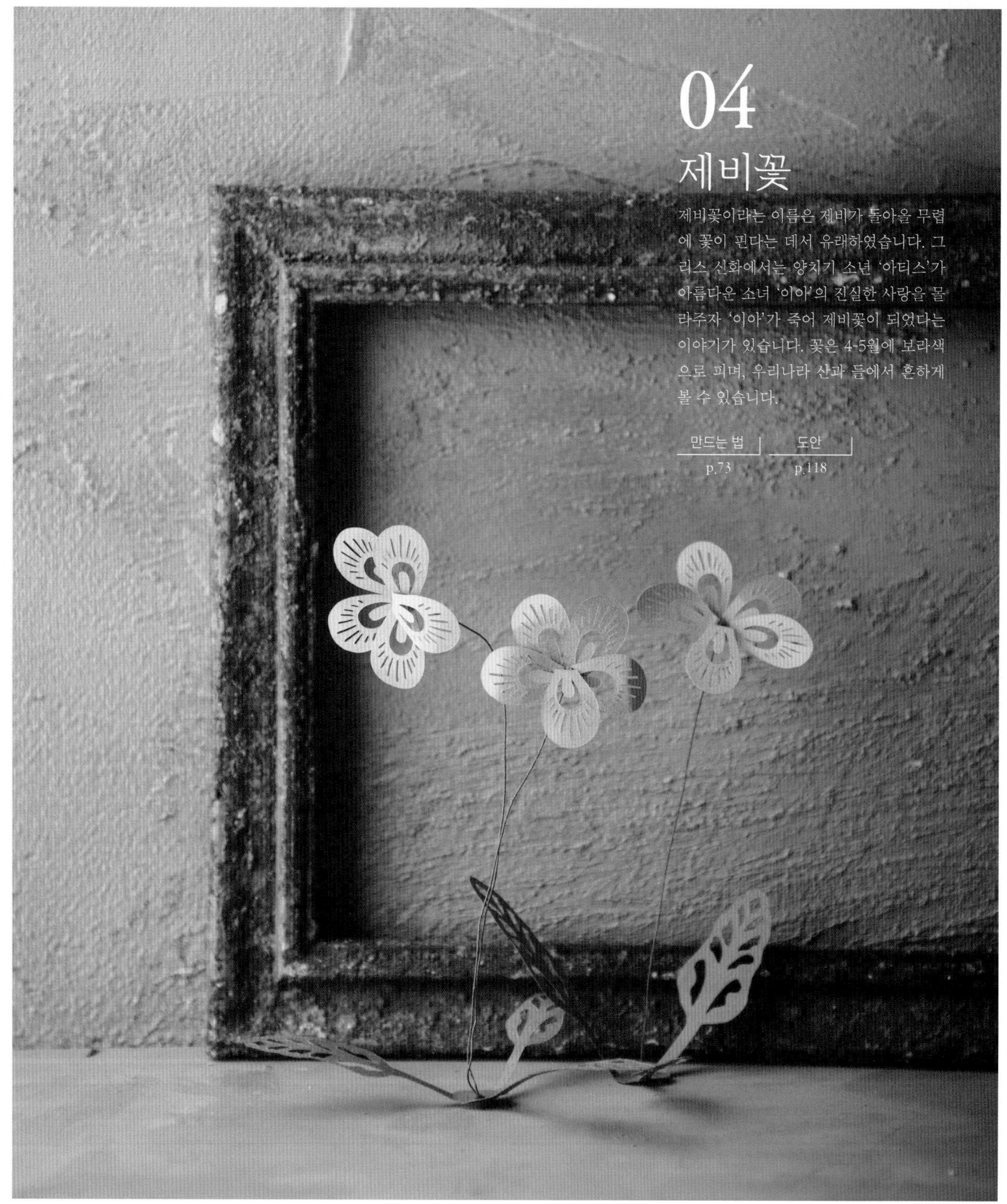

04
제비꽃

제비꽃이라는 이름은 제비가 돌아올 무렵에 꽃이 핀다는 데서 유래하였습니다. 그리스 신화에서는 양치기 소년 '아티스'가 아름다운 소녀 '이아'의 진실한 사랑을 몰라주자 '이아'가 죽어 제비꽃이 되었다는 이야기가 있습니다. 꽃은 4-5월에 보라색으로 피며, 우리나라 산과 들에서 흔하게 볼 수 있습니다.

만드는 법 p.73 | 도안 p.118

05
아네모네

아네모네는 바람이 많은 계절에 꽃이 피고, 바람에 꽃이 흩뜨려지는 모습 때문에 '바람'이라는 뜻의 그리스어 아네모스(Anemos)에서 유래된 이름입니다. 그리스 신화에서는 아프로디테의 연인인 미소년 아도니스가 죽을 때 흘린 피에서 생겨났다고도 합니다. 꽃말은 '사랑의 괴로움'

만드는 법	도안
p.74	p.118-119

06 복숭아꽃

복숭아나무에서 피는 꽃으로 원산지는 중국입니다. <삼국유사> 등에 등장하는 것으로 보아 한국에 들어온 지 오래된 것으로 보입니다. 한국의 옛 조상들이 사랑하던 꽃이었으며 병귀를 물리치는 영력이 있다고도 합니다.

만드는 법 p.75 | 도안 p.119

07

붓꽃

꽃봉오리가 마치 먹물을 머금은 붓과 닮았다 하여 붓꽃이라 부릅니다. 꽃창포나 제비붓꽃과 닮아서 헷갈릴 수 있지만, 붓꽃의 꽃잎에 그물 모양이 있는 것으로 구별할 수 있습니다. 라틴어 속 이름은 아이리스(Iris)인데 무지개란 뜻입니다. 꽃말은 비 내린 후 보는 무지개처럼 '기쁜 소식'입니다.

만드는 법 p.76 | 도안 p.120

08
마거리트

하얀 꽃의 생김새가 '진주'를 연상시킨다고 하여 진주라는 뜻의 라틴어 '마가리타 margarita'에서 이름이 유래되었습니다. 마거릿, 나무쑥갓이라는 이름으로도 불립니다. 대부분의 품종은 한 겹으로 피지만 여덟 겹으로 피는 품종도 있습니다.

만드는 법 p.78 | 도안 p.122

09 클레마티스

클레마티스라는 이름은 고대 그리스어로 '덩굴'을 의미하는 '클레마Clema'에서 유래되었습니다. '큰꽃으아리'와 '위령선' 등도 이에 속합니다. 줄기의 액이 피부에 묻으면 염증이 생길 수도 있습니다. 꽃말은 '당신의 마음은 진실로 아름답다'

만드는 법 p.79 | 도안 p.119

10
크로커스

봄에 피는 종과 가을에 피는 종이 있으며, 봄에 피는 종은 '크로커스', 가을에 피는 종은 '사프란'이라고 부릅니다. '크로커스'라는 이름은 그리스 신화에 등장하는 '크로코스'라는 미소년의 이름에서 유래되었다고 합니다.

만드는 법 p.80
도안 p.121

여름 꽃

SUMMER

11
해바라기

해바라기의 중국 이름은 '향일규向日葵'로 태양을 향해 움직인다는 뜻입니다. 실제로 꽃이 피는 시기에는 거의 움직이지 않으며 움직이는 것은 생장기뿐입니다. 유럽에서는 '태양의 꽃', '황금꽃'이라고 불리었으며 페루의 국화이기도 합니다. 품종에 따라 꽃의 크기는 제각각입니다.

만드는 법 p.81
도안 p.122-123

12
진달래

'참꽃' 또는 '두견화'라고도 불립니다. 봄에 피는 꽃으로 예전에는 음력 삼월삼짇날에 진달래꽃잎으로 화전을 부치고 두견주를 만들어 먹었습니다. 김소월 시인의 '진달래꽃'이라는 시로도 유명하며, 우리나라 전역에서 자생하는 꽃입니다.

만드는 법 p.82 | 도안 p.124

13
나팔꽃과 나비

나팔꽃의 원산지는 인도로 알려져 있으며 약재로 많이 쓰입니다. 한방에서는 말린 나팔꽃 종자를 견우자(牽牛子)라고 합니다. 옛날 중국에서는 소와 교환할 정도로 고가의 약이었습니다.

만드는 법	도안
p.83	p.125(나팔꽃), 142(나비)

14
호접란

'팔레놉시스'라는 이름으로 더욱 유명하며, 이 이름은 그리스어로 '나방' 을 뜻하는 '팔라이나(phalaina)'와 '모양'을 뜻하는 '옵시스(opsis)'의 합성어에서 유래되었습니다. 청초한 꽃의 모습이 나비와 닮았다고 하여 붙은 이름입니다. 꽃말은 '행복이 날아온다'

만드는 법 p.84
도안 p.126-127

15
꽈리

마을 근처에 저절로 자라거나 심어 기르는 여러해살이 풀입니다. 아이들은 빨갛게 익은 꽈리의 씨를 빼내어 입에 머금고 소리를 내는 놀이를 하기도 했습니다. 뿌리와 열매는 해열에 효과가 있어 약으로도 쓰입니다.

만드는 법 p.86
도안 p.124

16 일일초

하루하루 1송이씩 새로운 꽃이 핀다고 하여 '일일초', '매일초'라고 불립니다. 서인도, 마다가스카르가 원산지로 열대 각지에 넓게 자생하며 관상용으로도 재배됩니다. 열대에서 자라는 꽃답게 선명한 색채를 지닌 사랑스러운 꽃입니다. 꽃말은 '우정'

만드는 법 p.88 | 도안 p.127

17
은방울꽃

은방울을 닮은 모습에서 이름이 붙었으며, 오월에 피는 꽃이라 하여 '오월화' 또는 '녹령초', '둥구리아싹'으로도 불립니다. 영국이나 프랑스에서는 5월 1일에 은방울꽃을 선물하는 풍습이 있으며, 받은 사람에게는 행복이 찾아온다고 합니다. 맑고 부드러운 향 때문에 고급향수의 재료로 사용되며, 은방울꽃의 프랑스어인 'Muguet'를 따서 만든 향수도 있습니다.

만드는 법 p.89
도안 p.128

18

장미

아름다움과 사랑의 상징인 장미는 재배의 역사가 기원전으로 거슬러 올라갈 만큼 오래 되었으며, 많은 사랑을 받는 만큼 다양하게 개발되어 왔습니다. 다양한 색상에 따라 각기 다른 꽃말을 가지고 있습니다. 붉은 장미의 꽃말은 '사랑과 정열'

만드는 법 p.90 | 도안 p.128

19 수련

정오경에 피었다가 저녁 때 오므라들어서 '수련(睡蓮)(꽃이 오무려지는 모양 수, 연꽃 련)'이라고 불립니다. 연꽃과 닮았지만 수련은 잎과 꽃줄기가 물에 떠 있는 상태로, 연꽃처럼 솟아오르지 않습니다. 꽃말은 '청순한 마음'

만드는 법	도안
p.92	p.130-131

20
패랭이꽃

패랭이꽃의 패랭이는 꽃 모양이 조선시대 역졸이나 보부상처럼 신분이 낮은 사람의 갓과 비슷하게 생겼다고 하여 붙여진 이름입니다. 전국의 산과 들 건조한 곳에서 흔하게 볼 수 있는 여러해살이풀입니다. 약재로도 널리 쓰이며, 패랭이꽃을 개량한 것이 우리가 흔히 아는 카네이션입니다.

만드는 법	도안
p.93	p.131

21
월하미인

밤에만 아름다운 꽃을 볼 수 있다고 하여 '월하미인'이라고 불립니다. 밤에 커다란 꽃봉오리가 부풀어 오르기 시작해, 한밤중에 수 시간 개화했다가 새벽 전에 오므라듭니다. 공작선인장의 개량종이며, 강한 향기가 있어 '여왕꽃'이라는 별명도 갖고 있습니다. 꽃잎은 식용 가능합니다.

만드는 법 p.94 | 도안 p.129

22
시계꽃

꽃의 모양이 시계처럼 생겼다고 하여 이름 붙여졌으며, 꽃시계덩굴이라고도 합니다. 기독교에서는 이 꽃을 십자가에 비유하고 예수의 처형을 상징하여 '수난의 꽃'이라고 부르며, 많은 회화 작품에서 이 꽃을 볼 수 있습니다.

만드는 법 p.96 | 도안 p.132

23
카네이션

기독교에서 카네이션은 십자가에 매달린 그리스도를 보낸 성모 마리아가 흘린 눈물 자국에서 피었다고 하여, 모성애의 상징으로 여겨졌습니다. 이를 바탕으로 1900년대 미국에서는 어머니의 날에 아이들의 가슴에 카네이션을 꽂는 풍습이 생겼으며, 한국에서도 어버이날이나 스승의날에 카네이션을 선물하게 되었습니다.

만드는 법 p.100 | 도안 p.132

24
백합

'백합(百合)'은 땅 속의 백여 개의 비늘줄기 조각이 합쳐져서 하나의 뿌리가 되었다고 하여 붙여진 이름입니다. 한국에서는 '나리'라는 이름을 가지고 있습니다. 백합은 순백색의 가련하고 청초한 모습으로 동서양을 가리지 않고 '순결'을 의미하는 꽃으로 여겨져 왔습니다.

만드는 법 p.98
도안 p.133

가을 꽃

AUTUMN

25
코스모스

가을하면 생각나는 대표적인 꽃입니다. 한국이름은 '살살이꽃'으로, 바람에 살랑살랑거리는 모습에 빗대어 붙여진 이름입니다. 신이 세상을 아름답게 만들기 위해 처음으로 만든 꽃이라는 이야기도 전해져 내려옵니다. 꽃말은 '소녀의 순정'

만드는 법 p.101
도안 p.133

26
도라지꽃

흰색과 보라색의 꽃이 핍니다. 도라지 뿌리는 나물 등으로 식용하고, '길경'이라고도 하며 신경통과 편도선염 등의 약재로 사용합니다. 옛날 옛적 '도라지'라는 소녀가 떠나간 님을 하염없이 기다리다 꽃이 되었다는 전설이 있습니다. 꽃말은 '변치 않는 사랑'

만드는 법 p.102 | 도안 p.134

27
꽃무릇

'석산'이라고도 알려져 있으며, 꽃무릇 뿌리에 있는 독성 때문에 각 지방에 따라서 '사인화(死人花)'나 '유령꽃(幽靈花)'이라고도 불렸습니다. 한국에서는 유독 사찰 주위에 많이 피어있는데, 꽃무릇을 찧어 바르면 사찰의 단청이나 탱화가 좀이 슬지 않고 벌레가 꾀지 않는다 하여 많이 심어진 것으로 알려져 있습니다.

만드는 법 p.103
도안 p.134-135

28
버섯

버섯은 식물이 아닌 균류로, 계절을 수놓는 생물이라고 할 수 있습니다. 전 세계에 1만 여 개의 종류가 있다고 하며, 그중에서 먹을 수 있는 것은 300종 정도라고 합니다. 중국의 진시황은 버섯을 불로장생의 약으로 애용했다고 합니다.

만드는 법 p.104 | 도안 p.136

29
용담

전국의 산과 들에 자라는 여러해살이풀로 '용담(龍膽)(용 용, 쓸개 담)'은 뿌리가 담즙과 같이 매우 쓰다는 데서 유래했습니다. 건조시킨 뿌리는 소화 불량 등을 치료하는 건위제로도 쓰입니다. 꽃말은 '슬퍼하는 당신을 사랑한다'

만드는 법 p.106

도안 p.139

겨울 꽃

WINTER

30
포인세티아

'홍성목(紅星木)'이라고도 부릅니다. 멕시코가 원산지이며, 관상용으로 화분에서 기르는 경우가 많습니다. 크리스마스 시즌에 개화하고, 빨강과 녹색의 조합이 크리스마스를 연상시키는 점 때문에 '크리스마스 플라워'로도 유명합니다.

만드는 법 p.107

도안 p.138-139

31
겨울모란과 나비

일반적인 품종은 봄에 개화하지만 겨울모란은 11~1월에 개화합니다. 예로부터 미인을 묘사할 때 '서면 작약, 앉으면 모란'이라는 말을 쓸 만큼 아름다운 꽃으로, 호화로움과 기품을 겸비하고 있습니다. 꽃말은 '부귀'.

만드는 법	도안
p.108	p.137(겨울모란), 143(나비)

32
동백

겨울에 꽃이 핀다 하여 동백(冬柏)이란 이름이 붙었다고 하며 그 가운데는 봄에 피는 것도 있어 춘백(春柏)이란 이름으로 불리기도 합니다. 동백은 새를 통해 꽃가루를 옮기는 조매화(鳥媒花)로도 유명합니다. 다른 꽃에 비해 향기는 없지만, 강렬한 붉은 색으로 동박새의 눈에 띄어 꿀을 제공하고 꽃가루를 옮기는 것이지요. 꽃말은 '그 누구보다 당신을 사랑합니다'

만드는 법 p.110
도안 p.140

33
매화

매화는 예로부터 한국, 중국, 일본 세 나라 모두에게 사랑받는 꽃으로, 시와 그림에 자주 등장합니다. 매화는 꽃이 피는 시기에 따라 달리 불렀는데, 일찍 피면 '조매(早梅)', 추운 날씨에 핀다고 '동매(冬梅)', 눈 속에 핀다고 '설중매(雪中梅)'라 불렀습니다. 색에 따라 희면 '백매(白梅)', 붉으면 '홍매(紅梅)'라고도 불렀습니다.

만드는 법 p.111
도안 p.140

34
수선화

중국에서 건너왔으며 추운 겨울을 잘 견딘다고 하여 눈 속에 핀 꽃, '설중화(雪中花)'라고도 불립니다. 수선화의 속명인 나르키소스(Narcissus)는 그리스 신화에서 유래되었습니다. 미소년 나르키소스가 물 속에 비친 자신의 모습에 반해 이루어질 수 없는 사랑으로 시름시름 앓다가 죽어 버렸고 그 자리에 핀 꽃이 나르키소스, 수선화라는 이야기입니다. 꽃말은 '자기애'이며, '나르시즘'이라는 말의 어원이 되었습니다.

만드는 법	도안
p.112	p.141

입체 페이퍼 커팅의 기본과 작품 조립법

도구와 재료

작품 만들기에 필요한 기본 도구와 재료를 소개합니다.

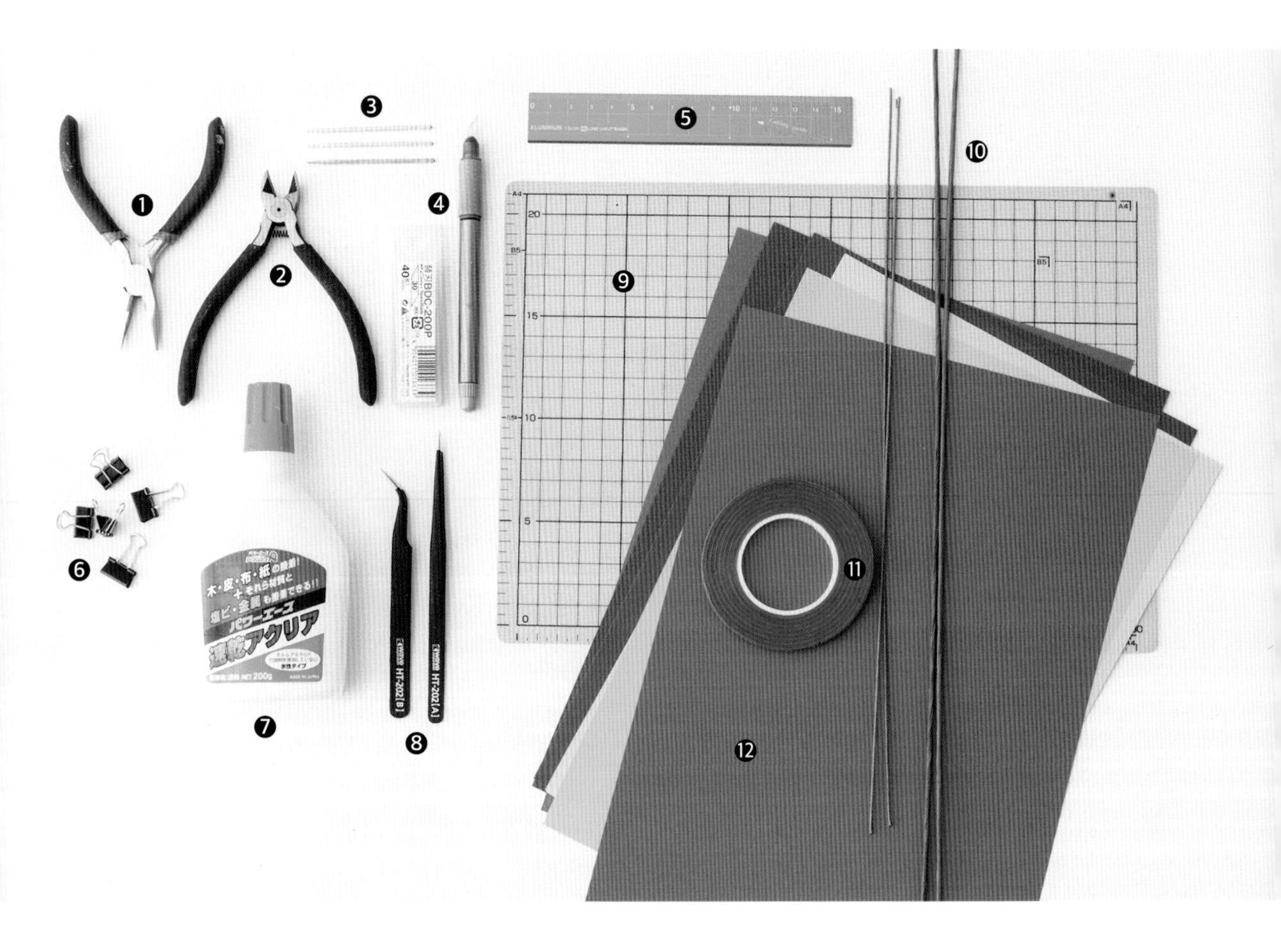

❶ **라디오 펜치** : 와이어를 접어 구부릴 때 사용합니다.

❷ **니퍼** : 와이어를 자를 때 사용합니다.

❸ **이쑤시개** : 본드를 종이에 붙일 때나 종이에 자국을 낼 때 사용합니다.

❹ **커터와 교체용 칼날** : 섬세한 곡선 등을 자르기 쉬운 디자인 커터를 추천합니다. 교체용 칼날도 준비하여 자주 바꾸는 편이 좋습니다.

❺ **자** : 직선을 자를 때 사용합니다. 흠집이 나지 않는 금속 자를 추천합니다.

❻ **더블클립** : 본드로 붙인 부분을 제대로 고정시킬 때 사용합니다.

❼ **본드** : 바로 말라 투명해지는 타입이 좋으며 목공용 본드도 가능합니다.

❽ **핀셋** : 자잘한 종잇조각을 다룰 때 사용합니다.

❾ **커터 매트** : A4 정도의 크기가 사용하기 좋습니다.

❿ **와이어(꽃철사)** : 꽃의 줄기나 잎의 심을 만들 때 사용합니다. 두꺼운 타입(18호)과 가는 타입(30호)의 두 종류 정도를 준비하세요.

⓫ **꽃테이프** : 와이어에 감는 용도. 신축성이 있기 때문에 당겨서 늘인 다음 사용합니다.

⓬ **종이** : 이 책에서는 모두 탄트지를 사용하였습니다. 종이에 따라 작품의 느낌이 달라지기 때문에 다양한 종이로 시험해 보세요.

* **비즈** : 지름 5mm의 비즈를 P.69-01 벚꽃과 P.89-17 은방울꽃에서만 꽃심으로 사용.

페이퍼 커팅 잘 하는 Tip

기본적인 페이퍼 커팅 방법을 소개합니다.
아래의 방법을 따라 자른 후 <작품 만드는 법>을 보며 입체꽃으로 완성합니다.

1 도안을 복사한다.

작품을 만들 종이에 직접 복사합니다. 도안을 확대하면 자르기 쉬워집니다.

2 연필을 잡듯이 커터를 잡는다.

연필을 잡듯 쥐어 일정한 각도를 유지하며 자릅니다.

3 중심에 가까운 작은 부분부터 자른다.

도안의 중심에 가깝고 작은 부분부터 자릅니다.

도안을 복사용지에 복사하고, 그 주변을 대강 잘라 작품을 만들 종이에 붙여 자르는 방법도 있습니다. 이렇게 하면 색지에 직접 복사하는 것보다 종이를 아낄 수 있습니다.

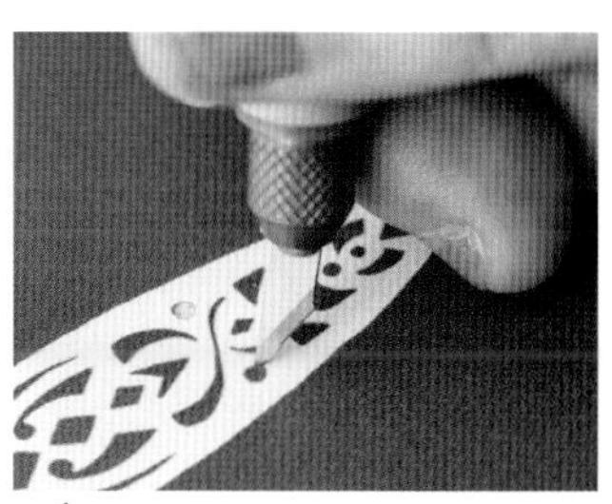

4 세세한 부분은 찌르듯이 자른다.

세세한 부분이나 원 등은 날을 세우고 종이를 찌르듯 조금씩 자릅니다.

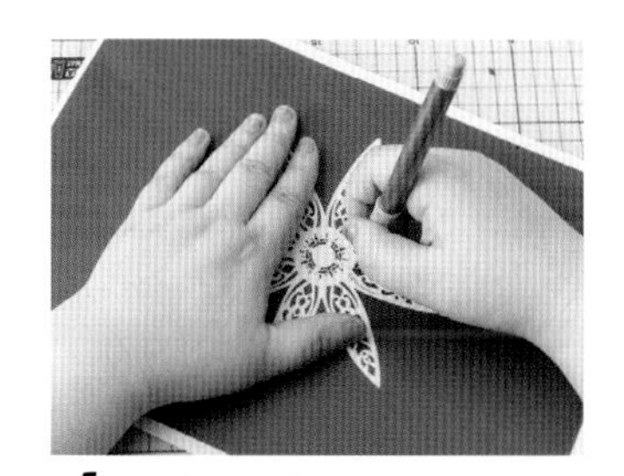

5 종이를 움직여 자른다.

곡선 등은 커터 날의 방향을 바꾸는 것이 아니라 종이를 회전시켜 자릅니다.

6 윤곽은 마지막에 자른다.

도안의 윤곽 주변은 자를 때 종이가 움직이지 않도록 손으로 누르는 부분이 되기 때문에 마지막까지 잘라 내지 않도록 합니다.

입체꽃을 깔끔하게 만들기 위한 TIP

❶ 손가락으로 꾹 누르면서 붙인다.

꽃잎에 꽃심 등을 붙일 때는 위에서 제대로 눌러 붙입니다.

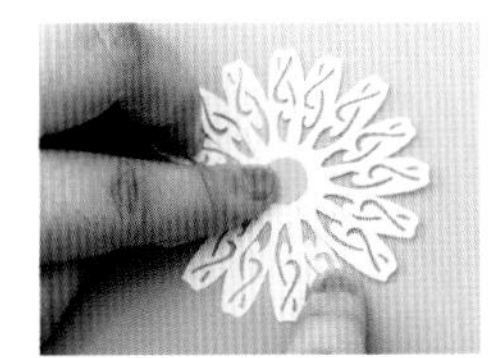

꽃심을 붙인 다음 위에서 제대로 누른다.

❷ 겹쳐서 맞붙이는 부분은 더블클립으로 집는다.

평면적으로 붙이는 부분이 아니라 입체적으로 겹쳐 붙이는 부분은 더블클립으로 집은 다음 잠시 시간을 두어 고정합니다.

이대로 잠시 시간을 두어 고정시키는 것이 중요하다.

❸ 본드가 마른 후 다음 작업을 한다.

본드가 마르기 전에 다음 작업을 시작하면 접착 부분이 떨어지거나 어긋나버립니다. 하얀 본드가 투명해지면 말랐다는 증거. 충분한 시간을 가진 후 다음 작업으로 넘어갑니다.

❹ 한 번 배치해보고 위치를 정한 다음 붙인다.

꽃잎을 겹쳐 붙일 때는 섣부르게 본드를 발라 붙이지 않도록 합니다. 우선 원하는 모양대로 배치해본 다음 본드를 발라 붙입니다.

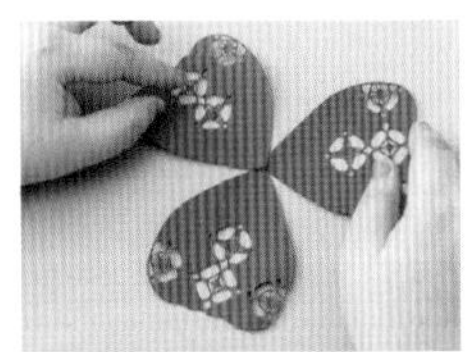

섣불리 본드를 바르지 않고 우선 한 번 배치해본다.

❺ 꽃잎이나 잎의 모양을 잡는다.

대다수 작품의 꽃잎이나 잎은 안쪽이나 바깥쪽으로 완만하게 구부려져 있거나 꾸불꾸불하게 곡선이 만들어져 있습니다. 손가락이나 이쑤시개를 사용해 모양을 내면 부드러운 느낌의 꽃으로 완성할 수 있습니다.

꽃잎에 이쑤시개와 손가락을 대서 모양을 잡는다.

❻ 작은 실패는 신경 쓰지 않는다.

페이퍼커팅은 매우 섬세한 작업이기 때문에 잘못 자르는 일이 있을 수 있습니다. 실수를 저질렀다고 낙심하여 포기하지 말고 마지막까지 완성해보세요. 실패도 얼마든지 '멋'이 될 수 있답니다.

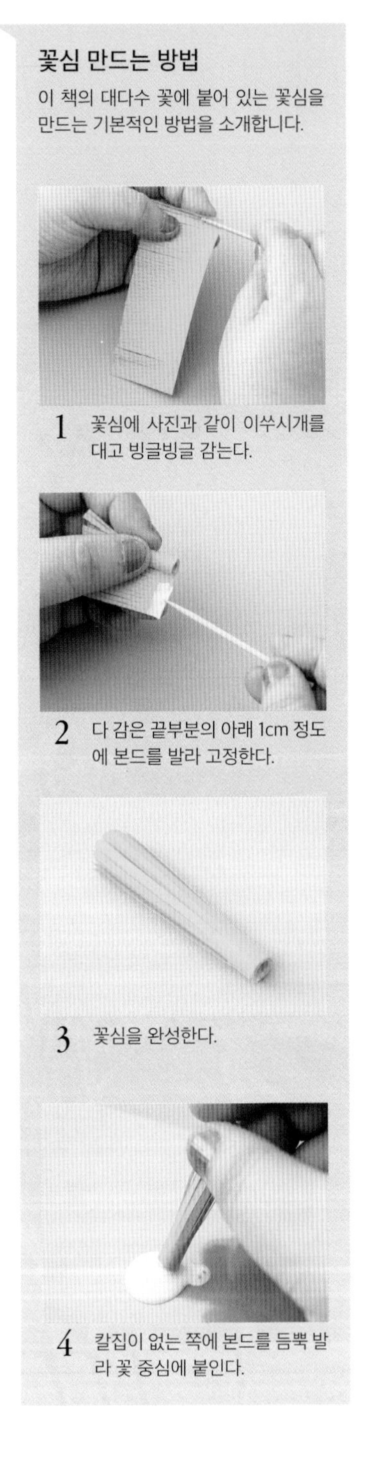

꽃심 만드는 방법

이 책의 대다수 꽃에 붙어 있는 꽃심을 만드는 기본적인 방법을 소개합니다.

1 꽃심에 사진과 같이 이쑤시개를 대고 빙글빙글 감는다.

2 다 감은 끝부분의 아래 1cm 정도에 본드를 발라 고정한다.

3 꽃심을 완성한다.

4 칼집이 없는 쪽에 본드를 듬뿍 발라 꽃 중심에 붙인다.

01 벚꽃

완성사진 p.8 | 도안 p.114-115

준비물

1 비즈를 17개 준비한다. 비즈에 가는 와이어를 통과시키고 통과시킨 와이어를 비틀어 고정시킨다.

2 꽃잎의 중심에 1의 와이어를 통과시키고 비즈가 잎에 닿는 부분에 본드를 발라 고정시킨다. 이것을 17개 만든다.

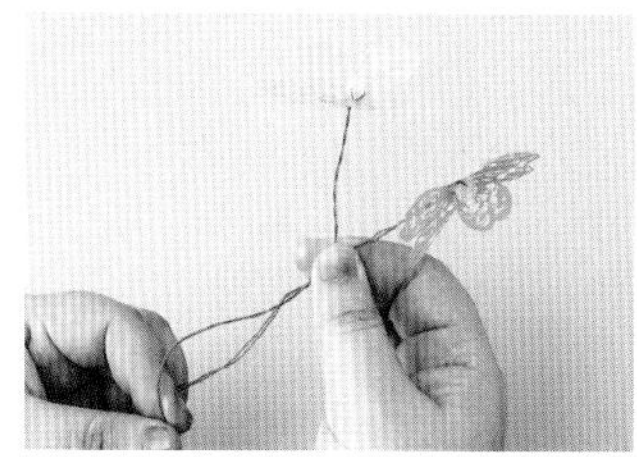

3 꽃 2개를 들고 와이어끼리 비틀어 하나로 만든다. 계속해서 1개씩 같은 방법으로 늘려 간다.

4 꽃이 각각 6개, 11개 달린 꽃가지를 만든다.

5 두꺼운 와이어에 가는 와이어를 감아 가지를 만든다.

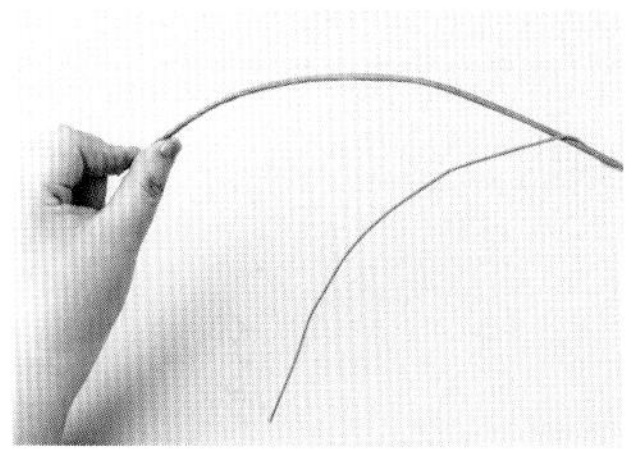

6 수양벚꽃처럼 늘어지도록 끝 부분을 손가락으로 모양을 잡는다.

7 6의 끝에 4에서 만든 11개 꽃잎이 달린 가지를 비틀어 고정시킨다. 나머지 1개는 가는 와이어에 감아 고정한다.

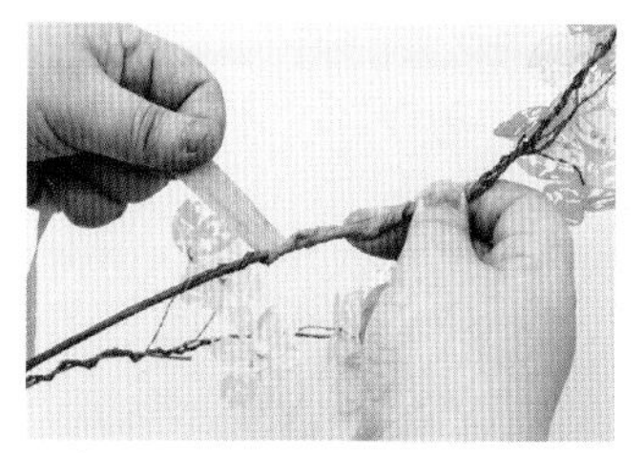

8 와이어에 꽃테이프를 당기면서 둘러 감아 고정한다.

9 꽃이 아래로 향하도록 모양을 정리하여 완성한다.

02 튤립

완성사진 p.10

도안 p.116-117

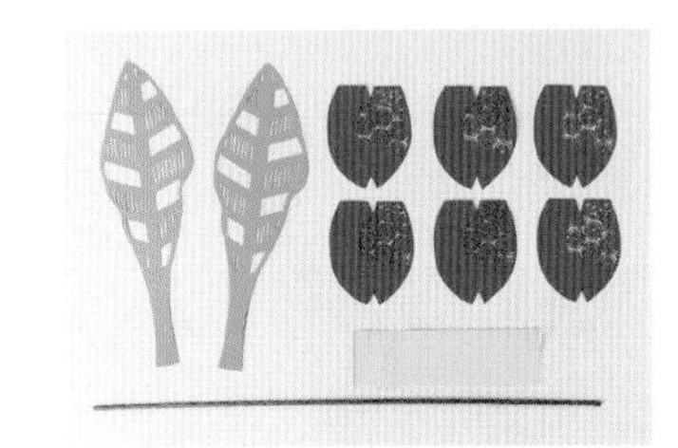

준비물

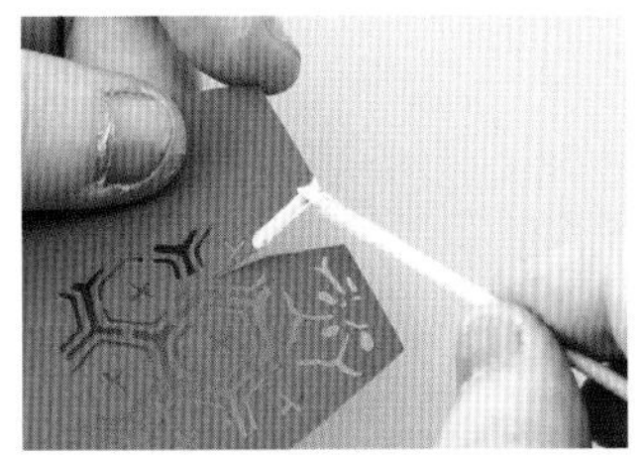

1 꽃잎의 칼집 한쪽에 본드를 바른다.

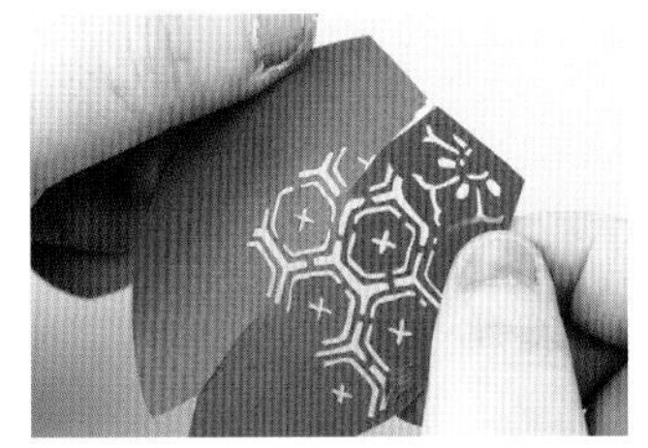

2 꽃잎이 살짝 둥글어지도록 칼집 부분을 겹쳐 붙인다.

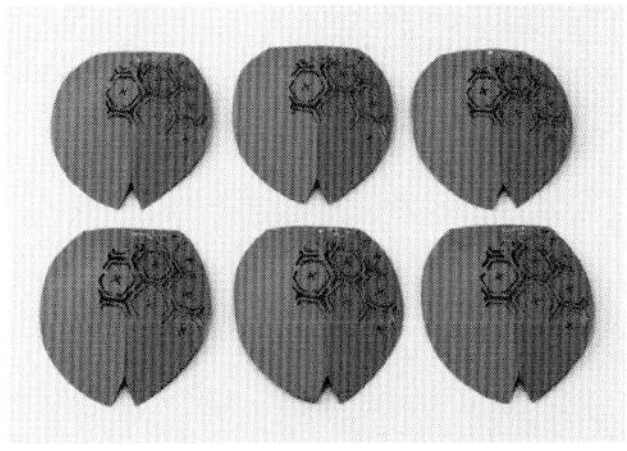

3 1~2와 같은 방법으로 꽃잎을 6장 만든다.

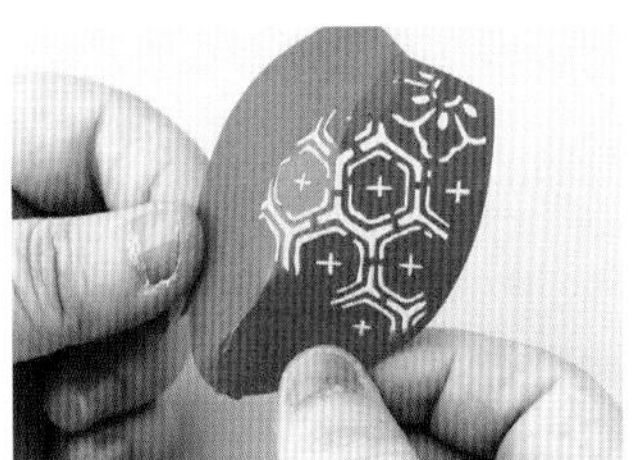

4 꽃잎의 반대쪽 칼집도 1~2와 같은 방법으로 겹쳐 붙인다. 총 6장을 같은 방법으로 만든다.

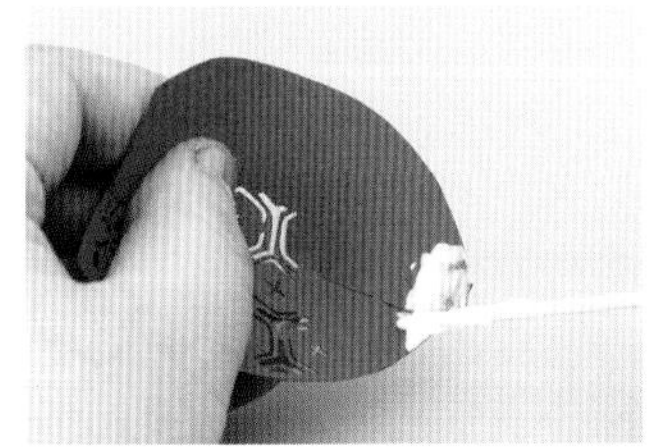

5 4에서 겹쳐 붙인 부분에 본드를 바른다.

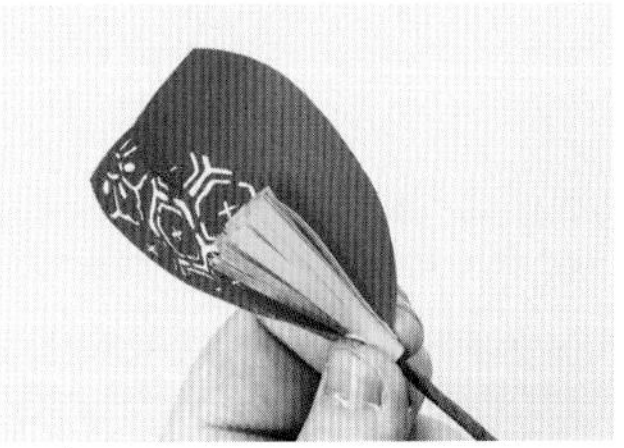

6 꽃심 만드는 방법(P.68)을 참조하여 이쑤시개 대신 두꺼운 와이어에 둘러 감아 꽃심을 만든다. 이것을 5에 겹쳐 올려 고정한다.

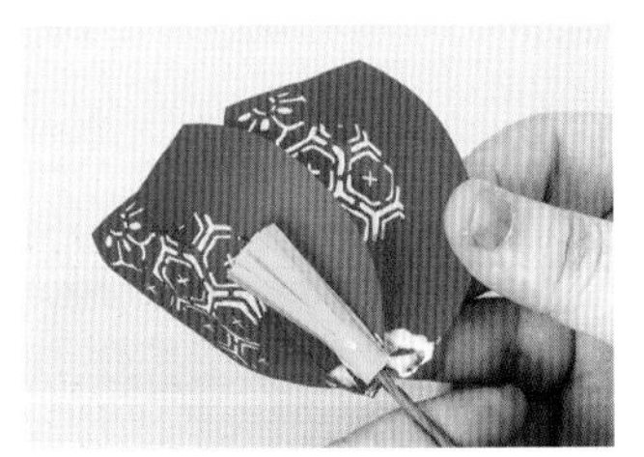

7 5와 같은 방법으로 꽃잎에 본드를 바르고 6의 꽃잎에 살짝 겹쳐 붙인다.

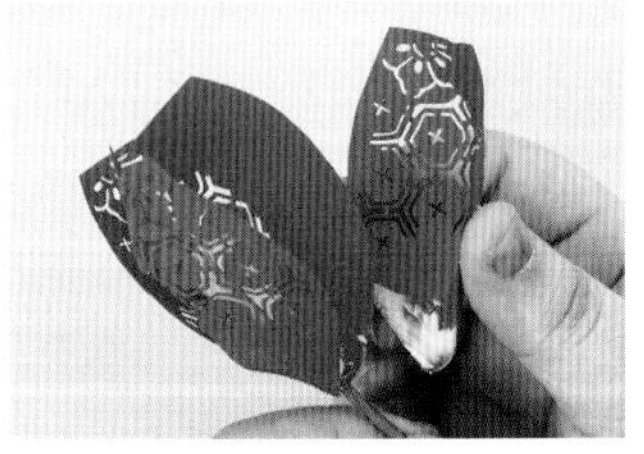

8 꽃잎을 1장 더 살짝 겹쳐 붙인다.

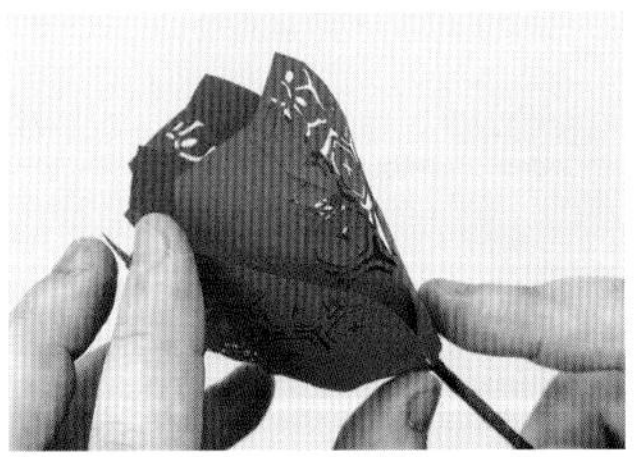

9 나머지 꽃잎 3장을 꽃심을 에워싸듯 붙인다.

10 잎의 중심에 본드를 바르면서 가는 와이어를 붙여 간다.

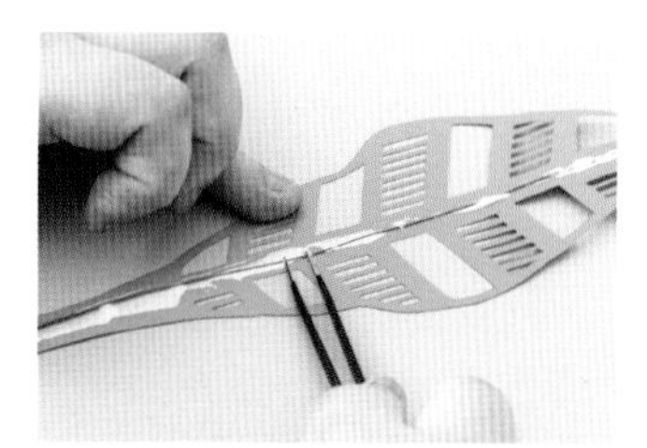

11 와이어가 뜨는 부분은 핀셋으로 눌러 고정한다. 나머지 잎 1장도 같은 방법으로 와이어를 붙인다.

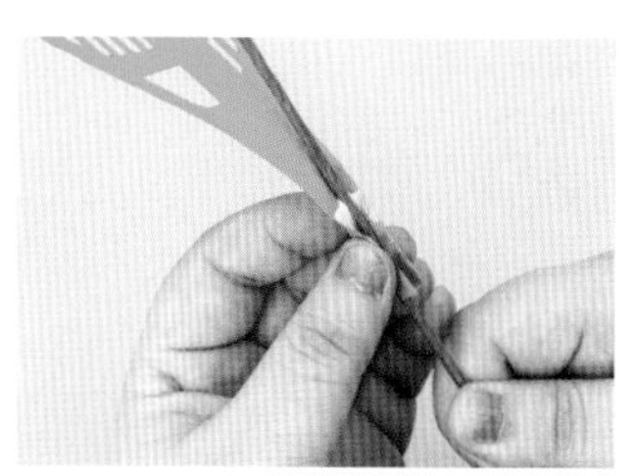

12 잎의 아랫부분에 본드를 바르고 굵은 와이어를 끼우듯 붙인다.

13 나머지 잎 1장도 붙인 다음 더블클립으로 집어 고정시킨다.

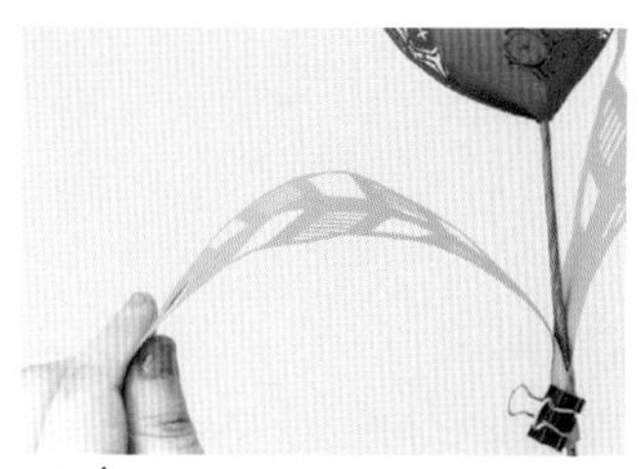

14 잎 끝을 바깥쪽으로 구부려 모양을 잡는다.

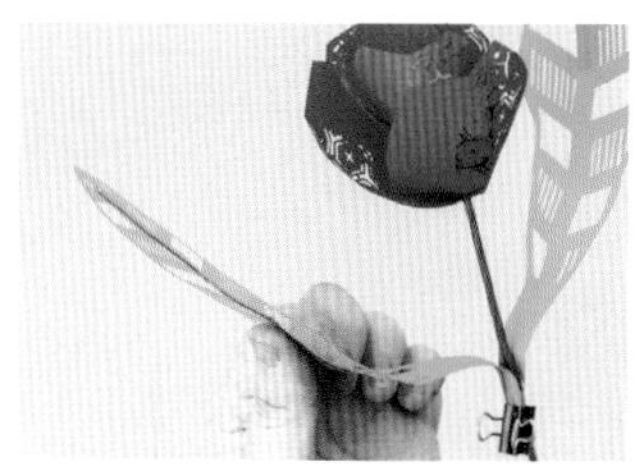

15 잎의 가운데 부분은 안쪽으로 구부려 모양을 잡는다. 굵은 와이어에 잎이 제대로 고정되면 더블클립을 빼서 완성한다.

03 팬지

완성사진 p.11 도안 p.117

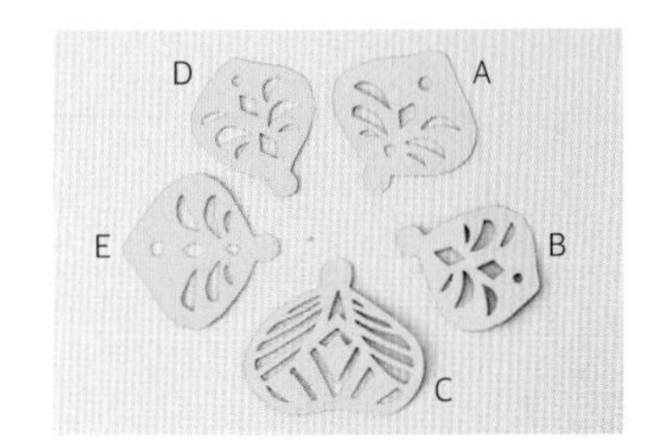

준비물

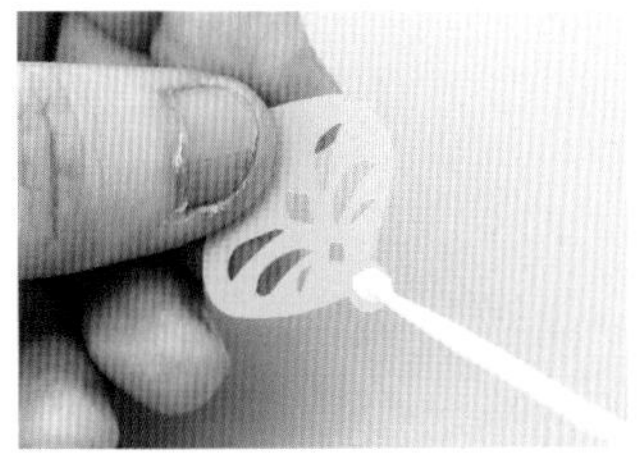

1 꽃잎 A의 아랫부분에 본드를 바른다.

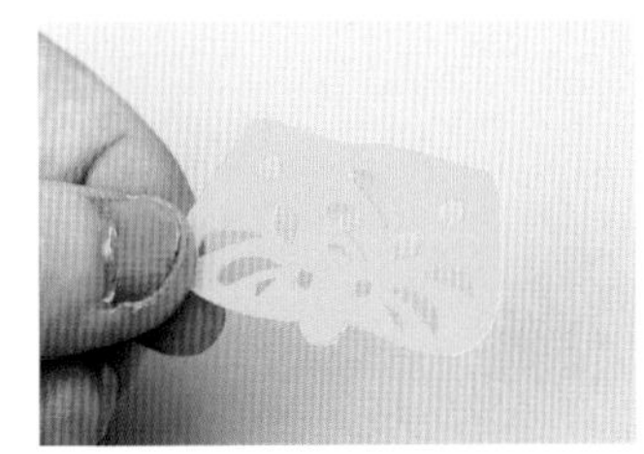

2 1에 꽃잎 E를 살짝 겹쳐 붙인다.

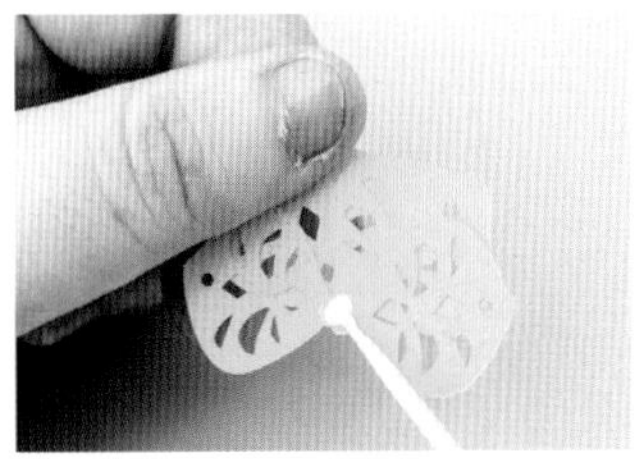

3 2의 양 끝에 꽃잎 B와 D를 각각 붙인다. 중심에 본드를 바른다.

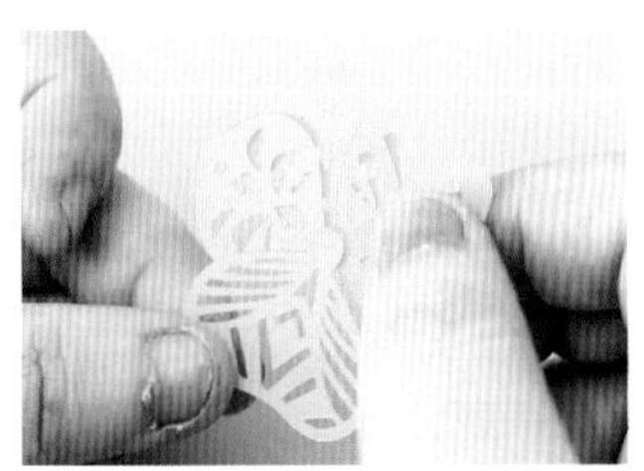

4 사진과 같이 중심을 맞춰 꽃잎 C를 붙인다.

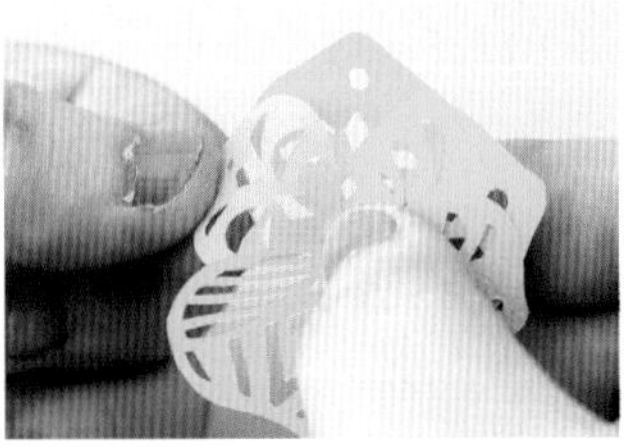

5 꽃잎의 끝을 바깥쪽으로 구부려 모양을 잡아 완성한다.

04 제비꽃

완성사진 p.12 | 도안 p.118

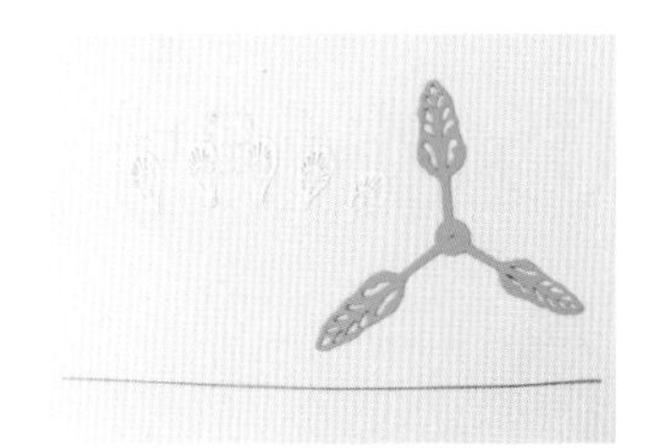

준비물

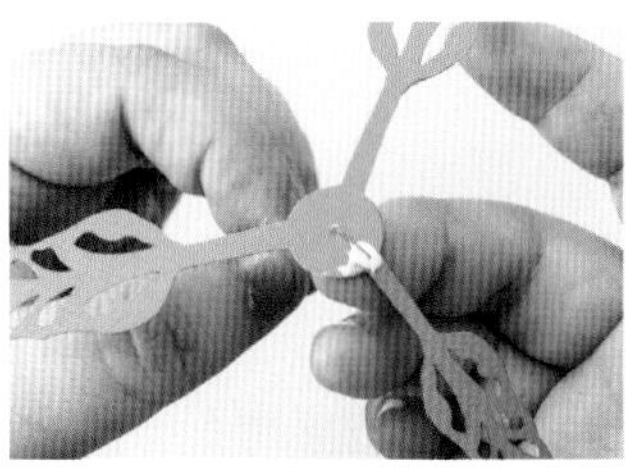

1 가는 와이어를 10~12cm 크기로 자르고 잎의 중심 구멍에 통과시킨다. 끝부분을 구부린 다음 본드로 고정한다.

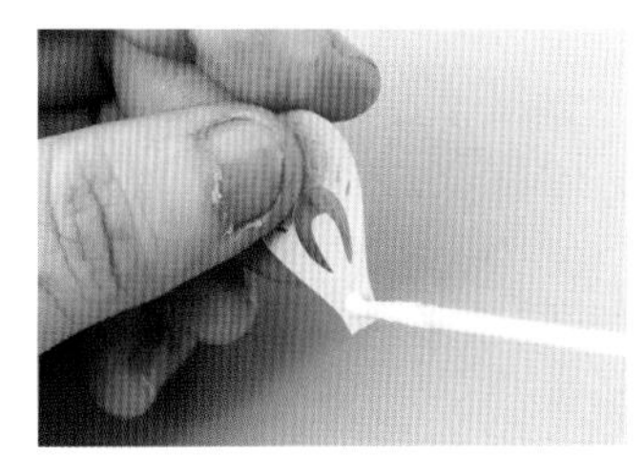

2 꽃잎 1장의 아랫부분에 본드를 바른다.

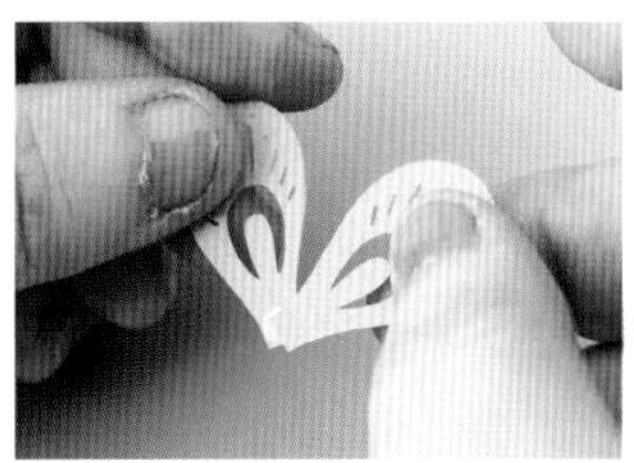

3 다른 꽃잎 1장을 2의 아랫부분에 겹쳐 붙인다.

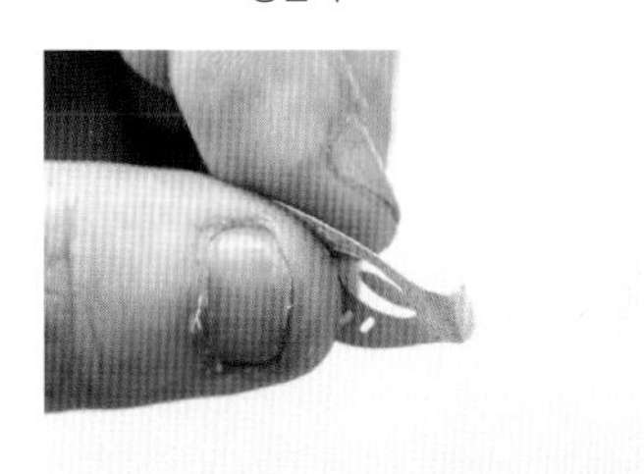

4 3번째 꽃잎은 아랫부분을 바깥쪽으로 접어 구부린다.

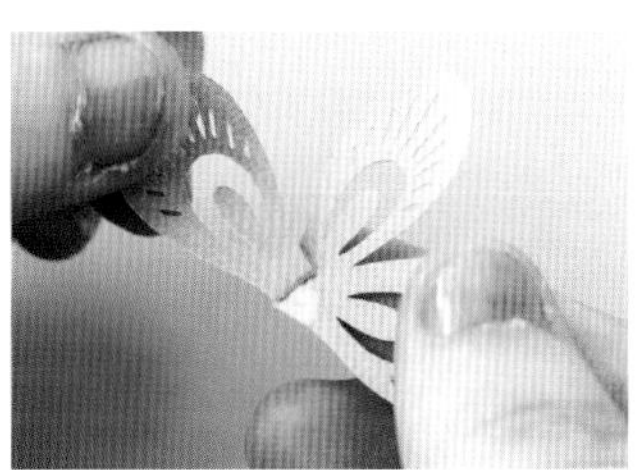

5 3의 이음매 부분에 본드를 바르고 4의 접어 구부린 부분을 붙여 합친다.

6 4~5와 같은 방법으로 4번째 꽃잎을 붙인다.

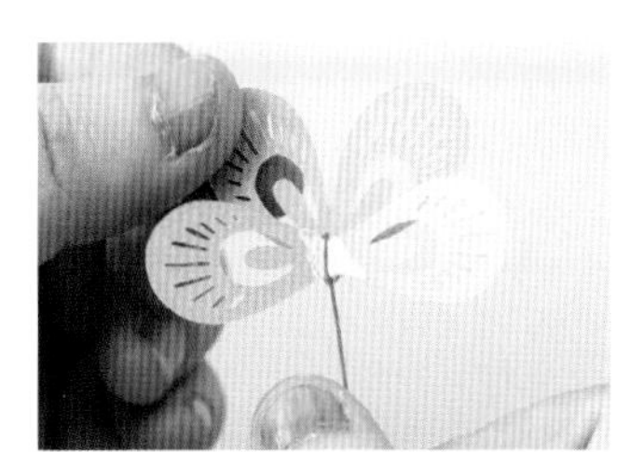

7 6의 이음매 부분에 본드를 듬뿍 바르고 1의 와이어를 붙인다.

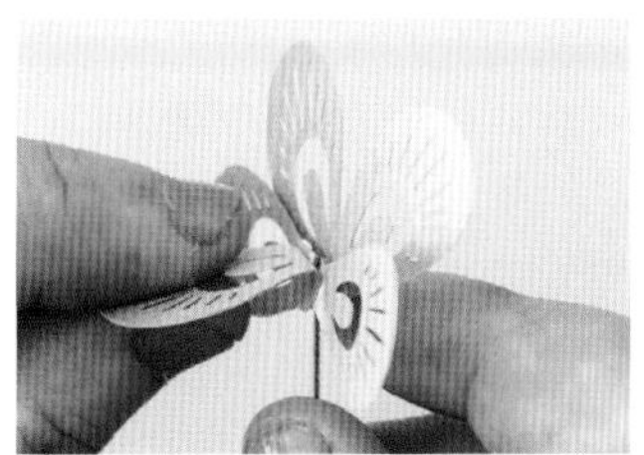

8 5번째 꽃잎 아랫부분을 바깥쪽으로 접어 구부린 다음 7의 와이어가 보이지 않도록 붙인다.

9 꽃잎 끝을 바깥쪽으로 구부려 모양을 잡아 완성한다.

05 아네모네

완성사진 p.14 | 도안 p.118-119

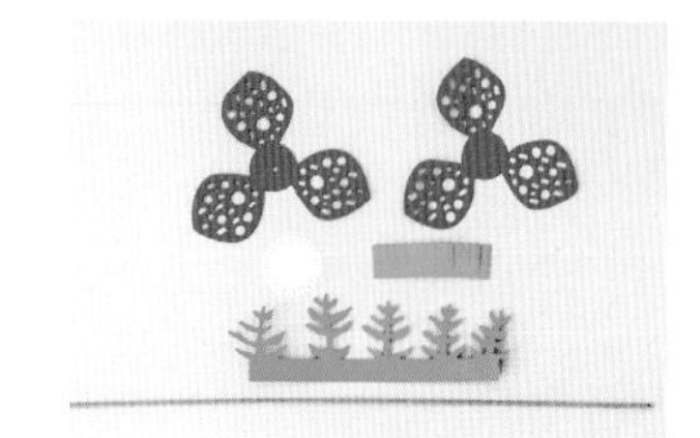

준비물

1 꽃잎 중심에 두꺼운 와이어를 통과시키고 끝 부분을 구부려 본드를 바른 다음, 꽃에 꼭 맞게 고정시킨다.

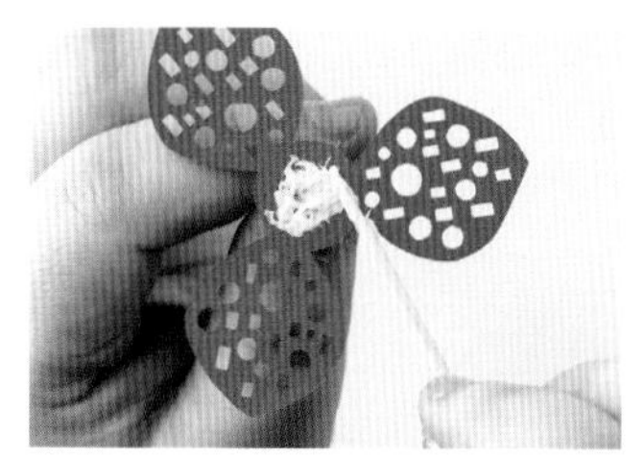

2 와이어 끝 부분에 본드를 듬뿍 바른다.

3 2의 위에 다른 1장의 꽃잎을 사진과 같이 엇갈리도록 배치하여 붙인다.

4 꽃잎의 끝과 아랫부분을 뒤쪽에서 가볍게 손가락으로 눌러 모양을 잡는다.

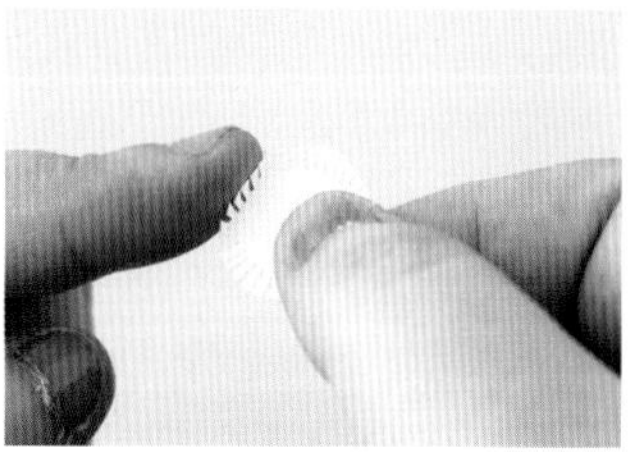

5 꽃심의 칼집 부분을 손가락으로 눌러 안쪽으로 구부려 모양을 잡는다.

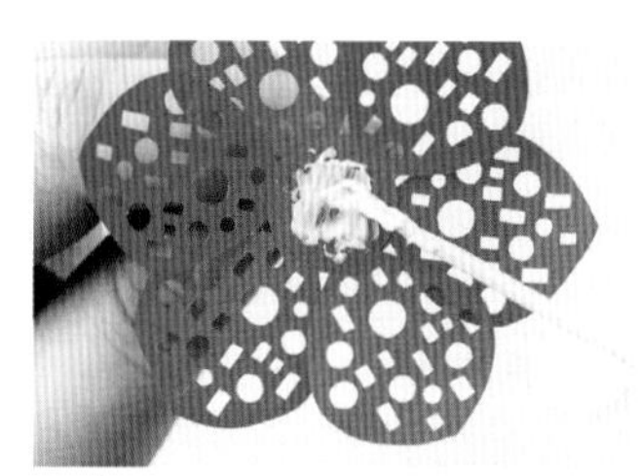

6 4의 중심에 본드를 바른다.

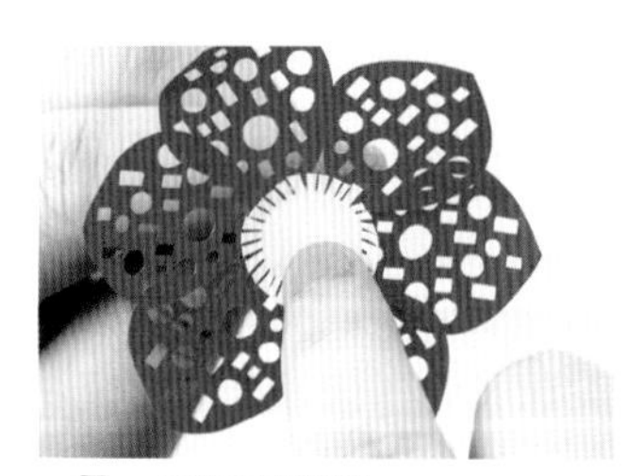

7 6에 5를 붙인다.

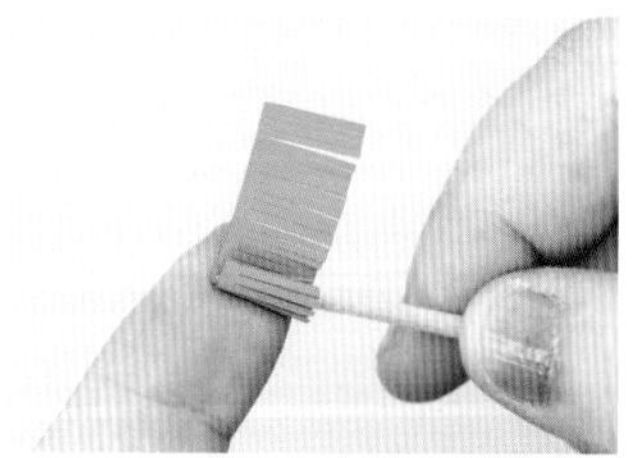

8 이쑤시개를 사용해 파란 꽃심을 말아 본드로 고정하고 7의 중심에 붙인다.

9 잎에 조금씩 본드를 발라 와이어 부분에 감아 간다.

10 잎을 펼쳐 모양을 정돈한다.

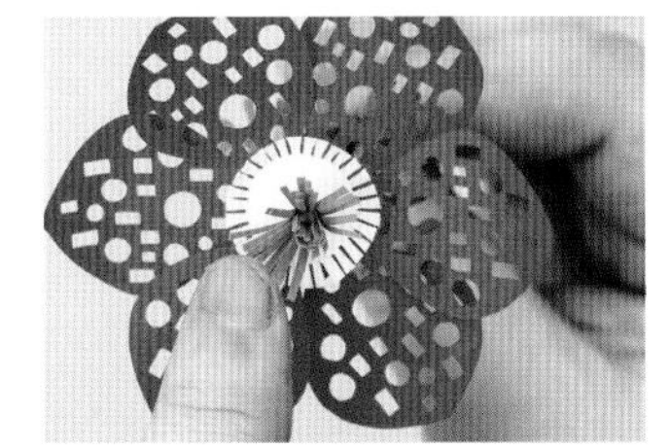

11 파란 꽃심을 손가락으로 펼쳐 완성한다.

06 복숭아꽃

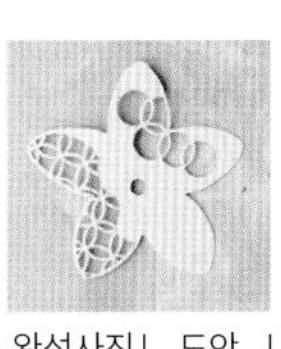

완성사진 p.15 | 도안 p.119

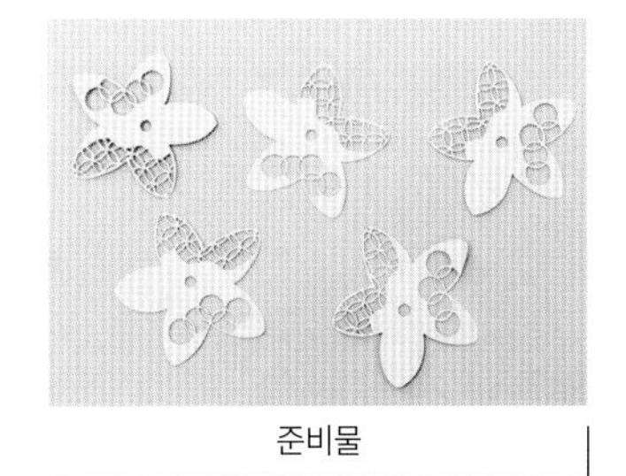

준비물

자르는 것만으로 완성.

07 붓꽃

완성사진 p.16 | 도안 p.120

준비물

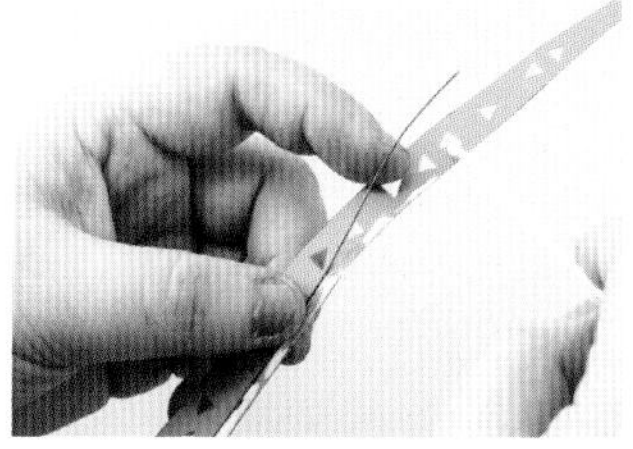

1 가는 와이어를 반으로 자른다. 잎의 옆 부분에 본드를 바르고 자른 와이어를 붙인다. 나머지 한 장의 잎도 같은 방법으로 와이어를 붙인다.

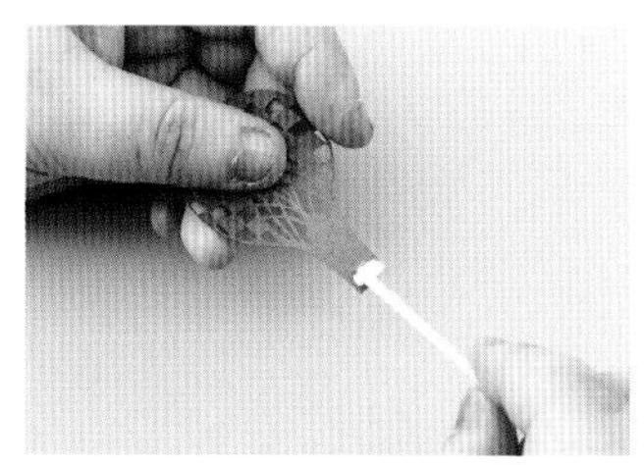

2 꽃잎 B 1장의 아랫부분에 본드를 바른다.

3 두꺼운 와이어에 2를 붙인다.

4 와이어를 감싸듯 꽃잎 B의 나머지 2장을 붙인다.

5 꽃잎 B를 3장 붙인 모습.

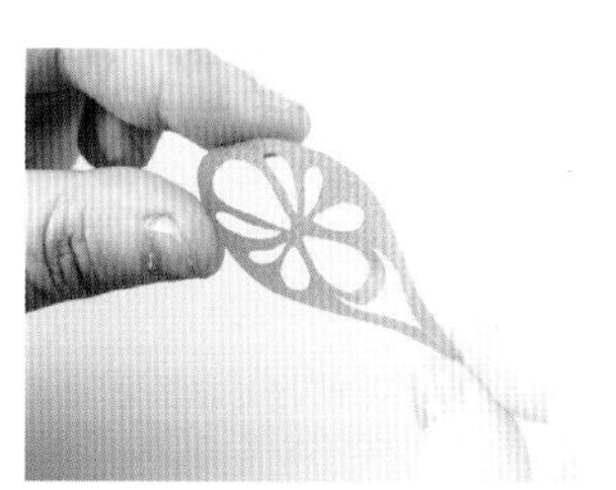

6 꽃잎 C의 아랫부분을 안쪽으로 가볍게 접어 구부린다.

7 6의 아랫부분에 본드를 바른다.

8 5의 중심에 끼워 넣어 붙인다.

9 꽃잎 C의 나머지 2장도 6~7과 같은 방법으로 만든 다음 중심에 끼워 넣어 붙인다.

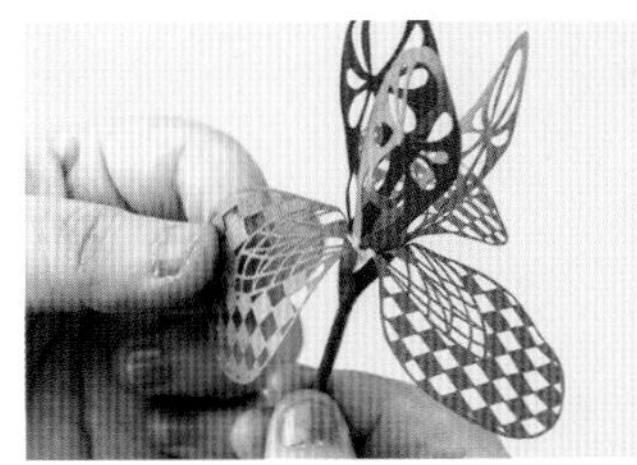

10 꽃잎 B는 바깥쪽으로, 꽃잎 C는 안쪽으로 구부려 모양을 잡는다.

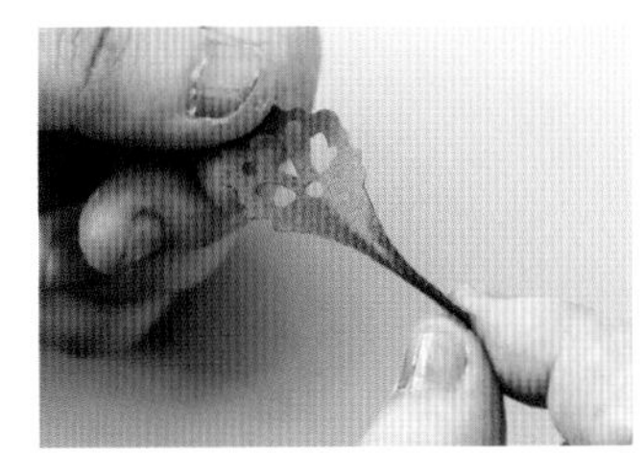

11 꽃잎 A의 아랫부분을 안쪽으로 가볍게 접어 구부린다.

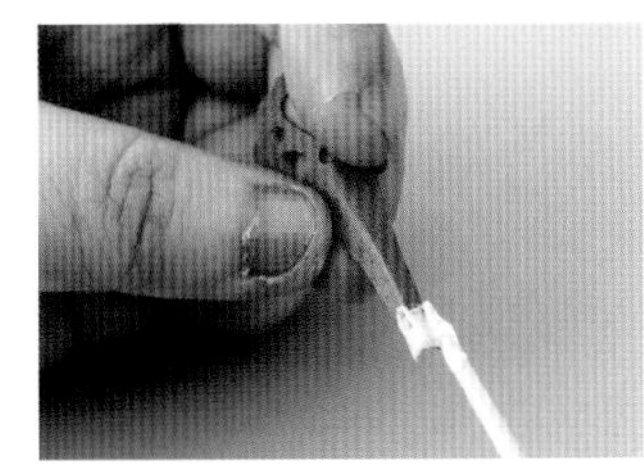

12 11의 바깥쪽의 아랫부분에 본드를 바른다.

13 10의 중심에 끼워 넣어 붙인다. 나머지 5장도 11~12와 같은 방법으로 만들고 끼워 넣어 붙인다.

14 전체적으로 꽃 모양을 정돈한다.

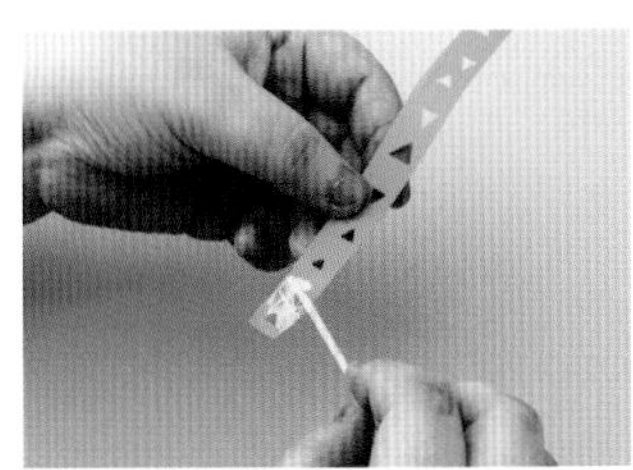

15 1의 잎의 와이어를 붙이지 않은 면의 아랫부분에 본드를 바른다.

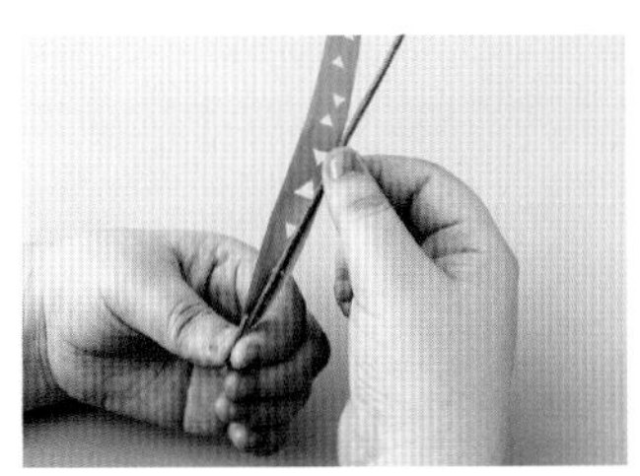

16 4의 와이어를 잎에 끼우듯 붙인다.

17 반대쪽에도 나머지 1장의 잎을 붙인 후 잎사귀 느낌이 나도록 구부리고 모양을 잡아 완성한다.

08 마거리트

완성사진 p.18 | 도안 p.122

준비물

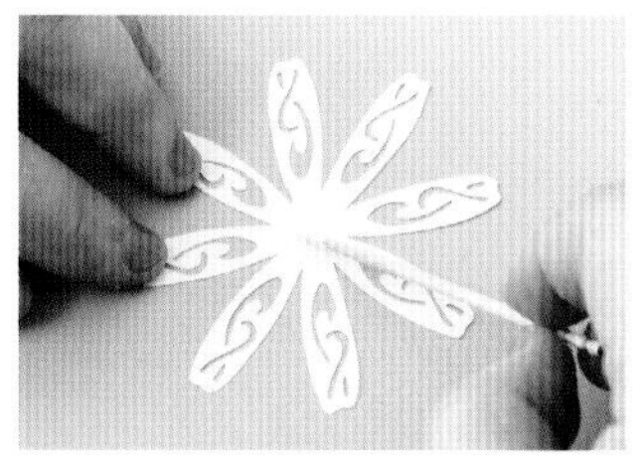

1 꽃잎의 중심에 본드를 바른다.

2 1의 위에 나머지 1장의 꽃잎을 사진과 같이 엇갈리도록 배치하여 붙인다.

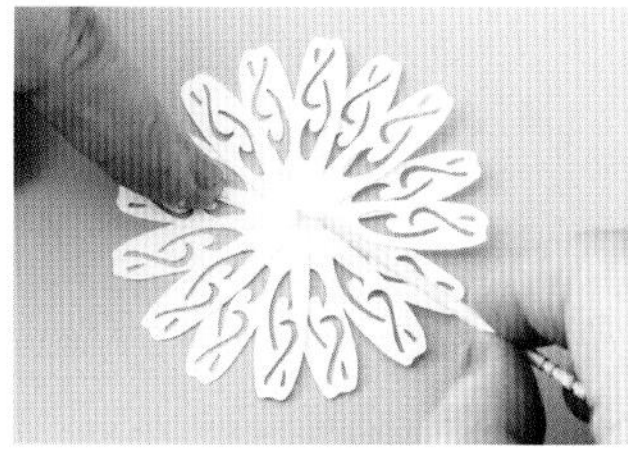

3 2의 꽃잎 중심에 본드를 바른다.

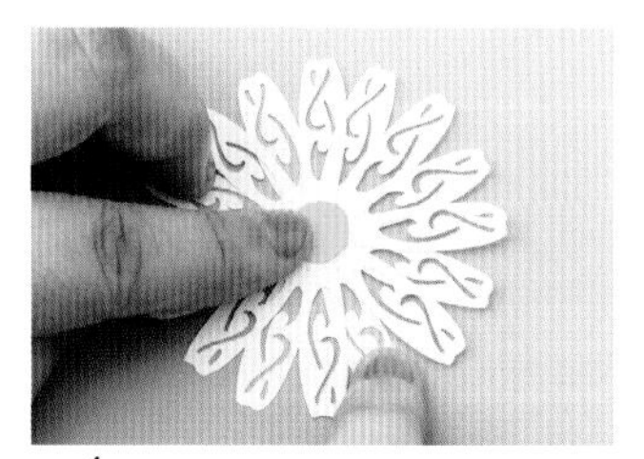

4 꽃심을 붙인다.

5 꽃잎의 끝을 손가락으로 잡고 안쪽으로 구부려 모양을 내서 완성한다.

09 클레마티스

완성사진 p.20 | 도안 p.119

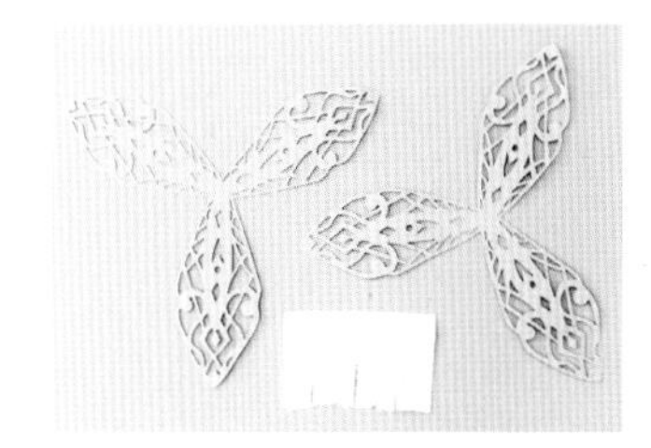

준비물

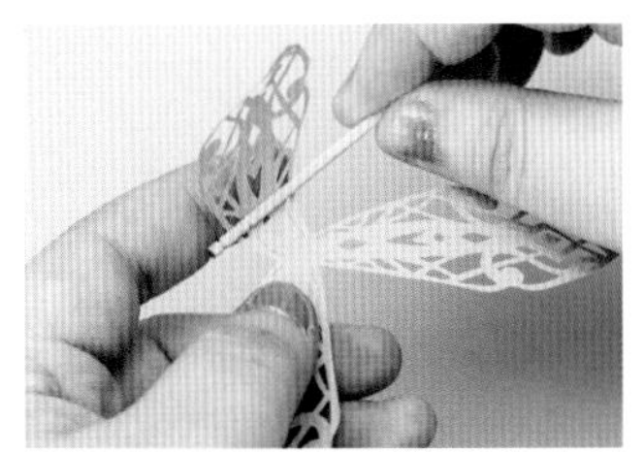

1 꽃잎의 아랫부분에 사진과 같이 이쑤시개를 대고 살짝 들어 올리듯 모양을 잡는다.

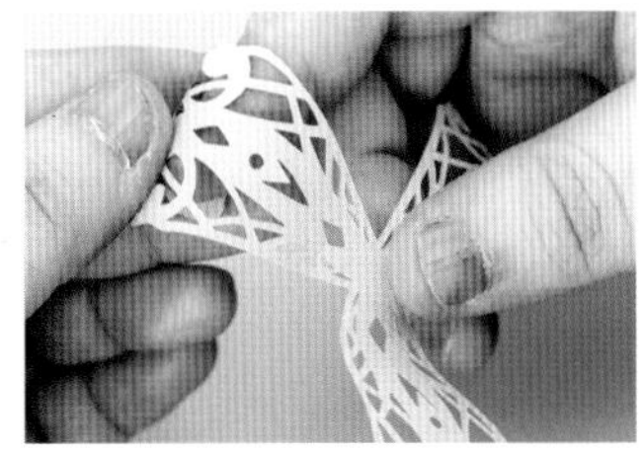

2 꽃잎 끝에 사진과 같이 손가락을 대고 바깥쪽으로 구부려 모양을 잡는다. 나머지 1장의 꽃잎도 1~2와 같은 방법으로 모양을 잡는다.

3 꽃잎 중심에 본드를 바른다.

4 3의 위에 나머지 1장의 꽃잎이 사진과 같이 엇갈리도록 배치하여 붙인다.

5 꽃심 만드는 방법(P.68)을 참조하여 꽃심을 만들고, 칼집 낸 부분을 펼친다. 아랫부분에 본드를 바른 다음 4의 중심에 붙인다.

6 손가락으로 꽃심을 눌러서 활짝 펼쳐 완성한다.

10 크로커스

완성사진 p.22 | 도안 p.121

준비물

1 꽃잎의 중심에 본드를 바른다.

2 1의 위에 나머지 1장의 꽃잎이 사진과 같이 엇갈리도록 배치하여 붙인다.

3 꽃잎을 뒤쪽에서 잡아 세워서 모양을 잡는다.

4 전체를 꼭 잡아 꽃잎이 오므라들도록 모양을 잡는다.

5 꽃심 만드는 방법(P.68)을 참조하여 꽃심을 만들고, 본드를 발라 4의 중심에 붙인다.

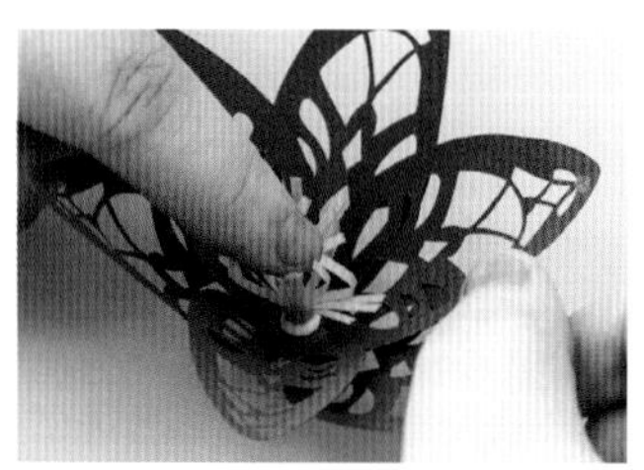

6 꽃심을 손가락으로 누르고 자유롭게 펼친다.

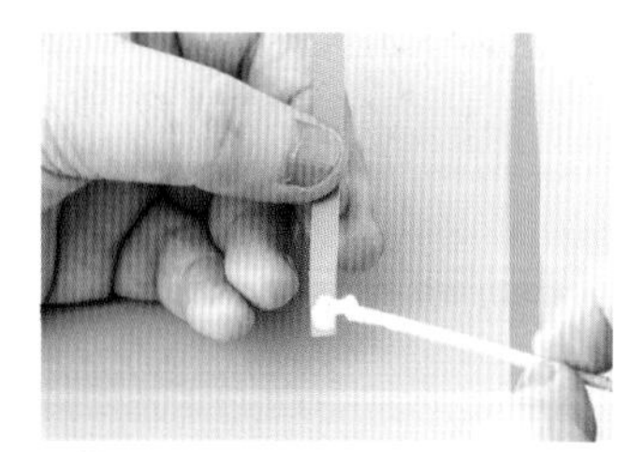

7 잎의 아랫부분에 본드를 바른다.

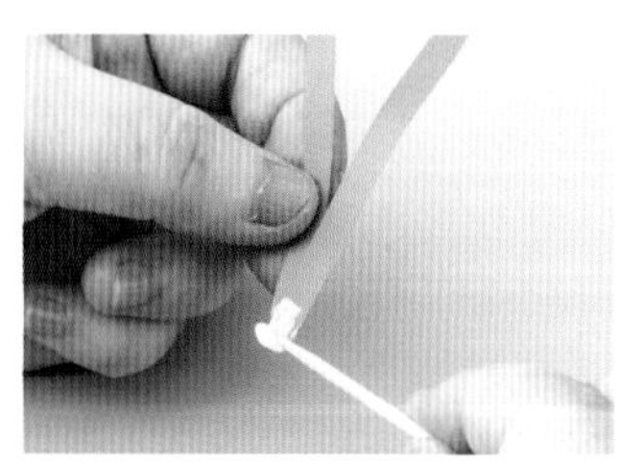

8 다른 1장의 잎과 겹쳐 붙인다. 위쪽으로 온 잎의 아랫부분에 본드를 바른다.

9 8의 잎을 꽃에 겹쳐 붙이고 나머지 1장의 잎도 붙여 완성한다.

11 해바라기

완성사진 p.24 | 도안 p.122-123

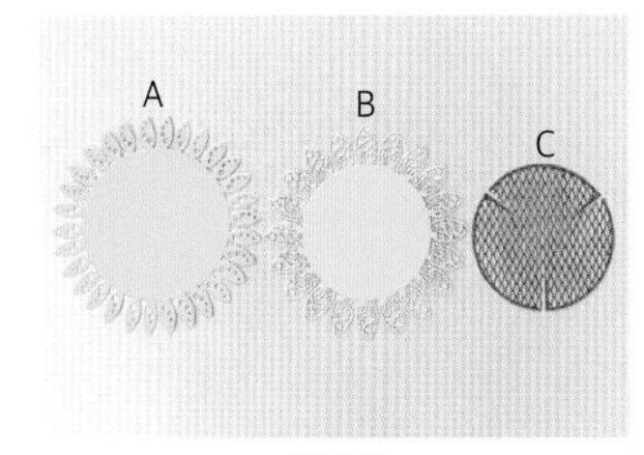

준비물

1 꽃잎 B의 둥근 부분에 이쑤시개로 본드를 펼쳐 바른다.

2 꽃잎 A에 1을 붙인다.

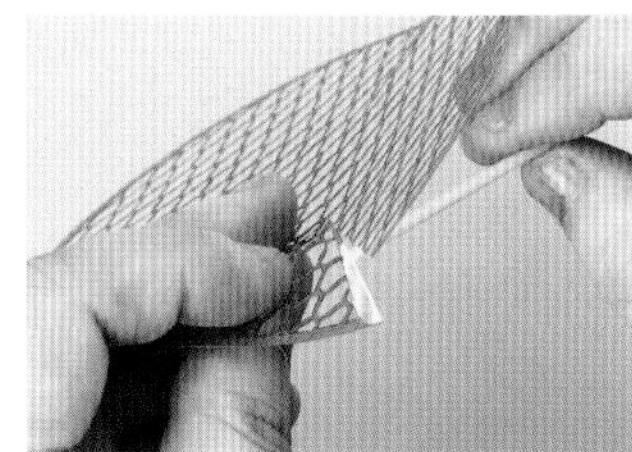

3 C의 칼집 한쪽에 본드를 바르고 살짝 둥글어지도록 칼집 부분을 겹쳐 맞붙인다.

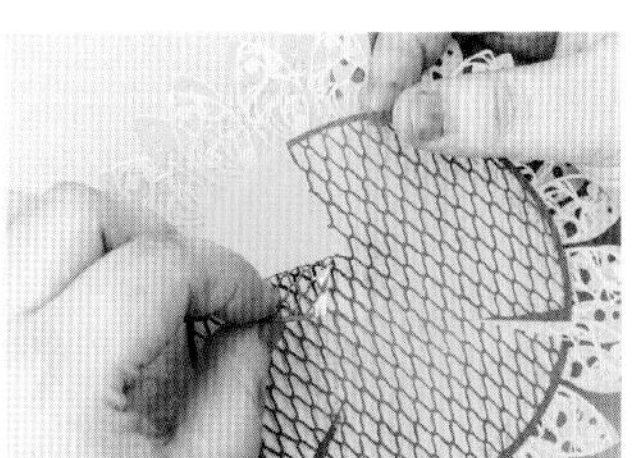

4 2의 위에 3을 올리고 크기를 맞추면서 나머지 칼집 부분도 맞붙여 간다. 2와 3을 클립으로 집어 흐트러지지 않게 하는 것도 팁.

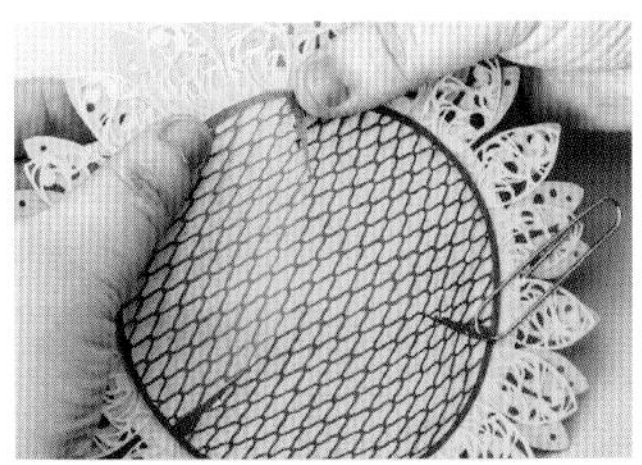

5 3개의 칼집 부분을 맞붙인 모습.

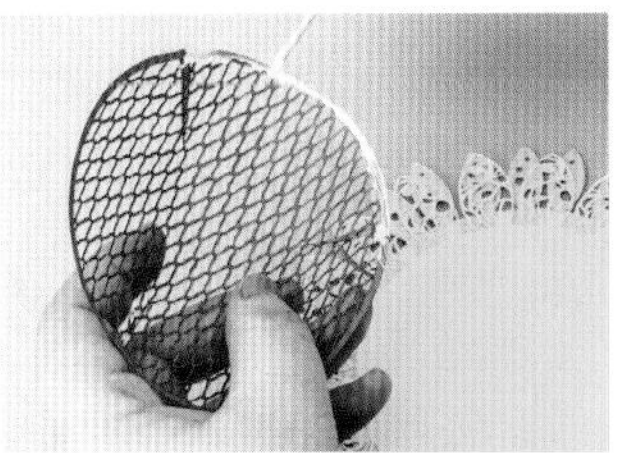

6 C를 2에서 빼내 뒤쪽의 가장자리에 본드를 바른다.

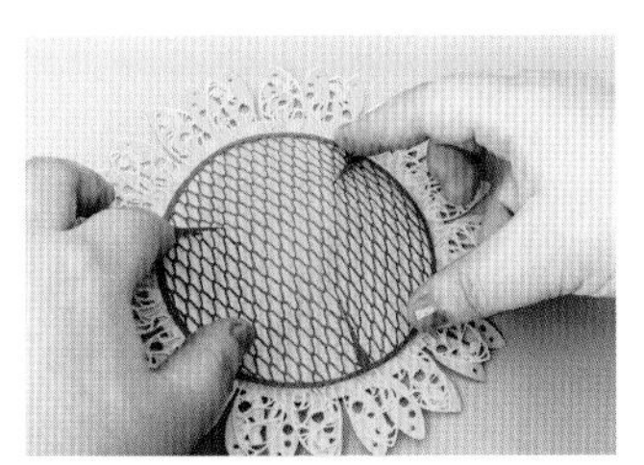

7 6을 2에 붙여 완성한다.

12 진달래

완성사진 p.26 도안 p.124

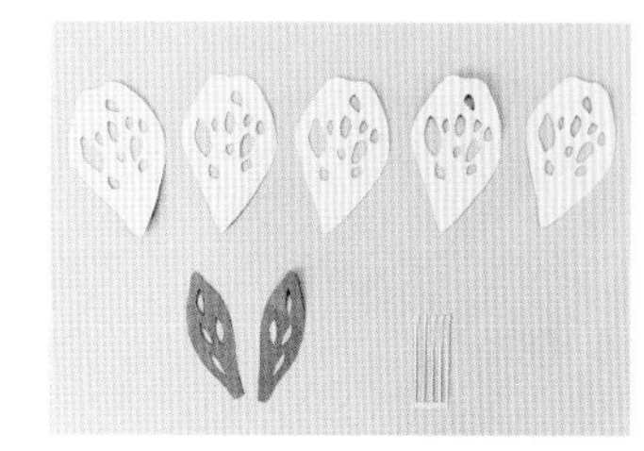

준비물

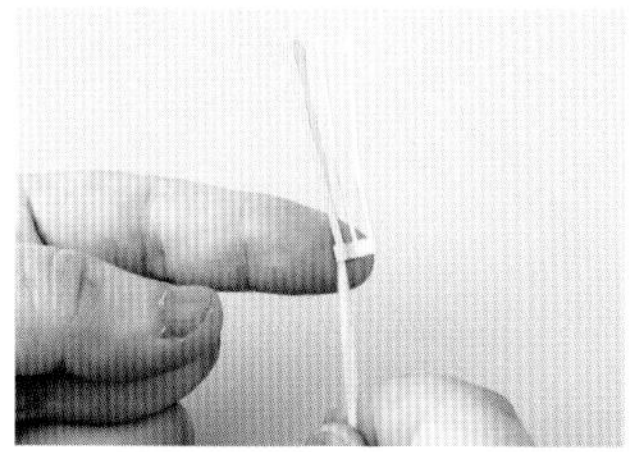

1 꽃심의 아랫부분에 이쑤시개를 대서 둥글리고 본드로 붙인다.

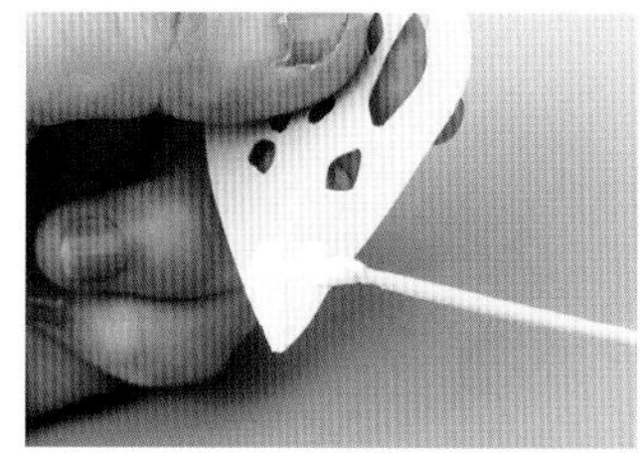

2 꽃잎 아랫부분을 바깥쪽으로 가볍게 접어 구부리고, 그 부분에 본드를 바른다. 나머지 꽃잎 4장도 같은 방법으로 접는다.

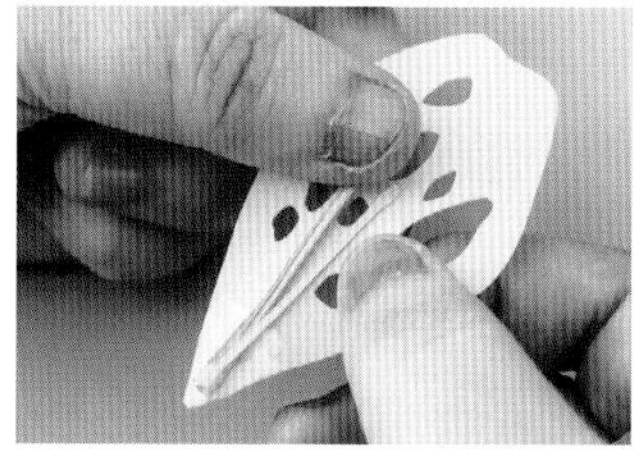

3 본드를 바른 꽃잎에 1의 꽃심을 붙인다.

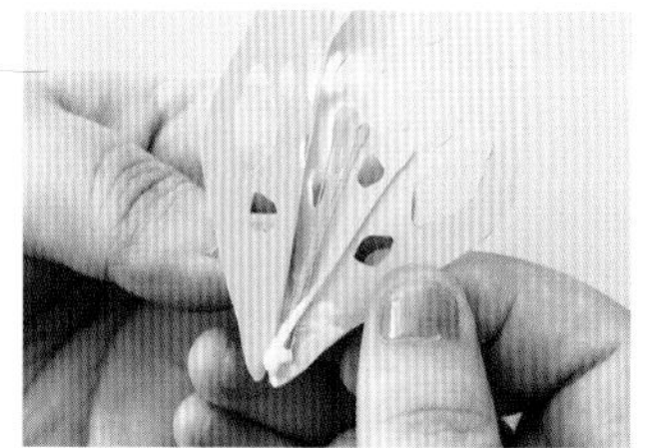

4 3의 아랫부분 한쪽에 본드를 바르고 다른 꽃잎 1장을 붙인다. 꽃심을 에워싸듯 같은 방법으로 나머지 꽃잎도 붙인다.

5 꽃잎 5장을 붙인 다음 더블클립으로 집어 고정한다.

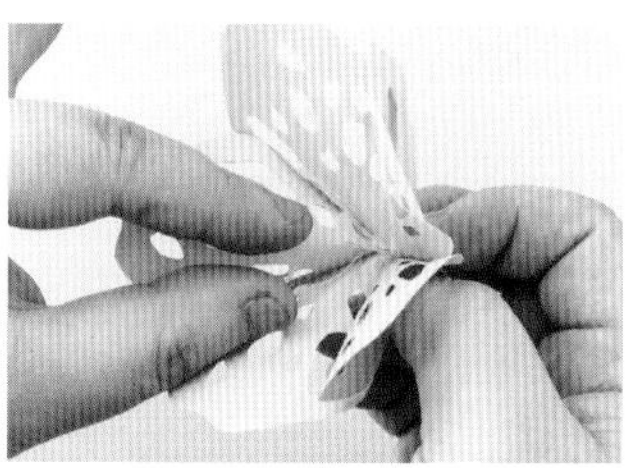

6 꽃심을 펼쳐 자유롭게 모양을 잡는다.

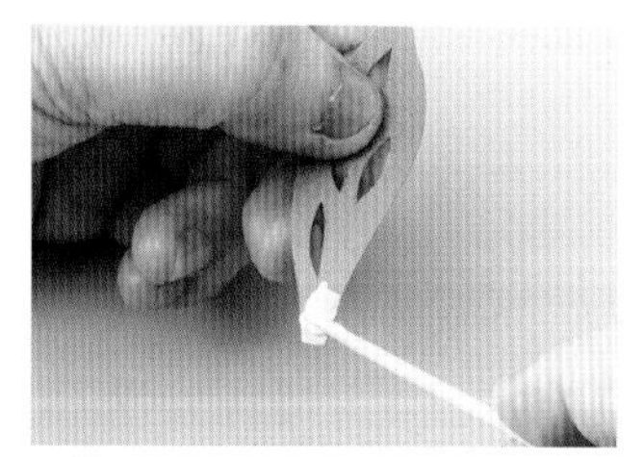

7 잎의 아랫부분에 본드를 바르고 나머지 1장의 잎과 겹쳐 맞붙인다.

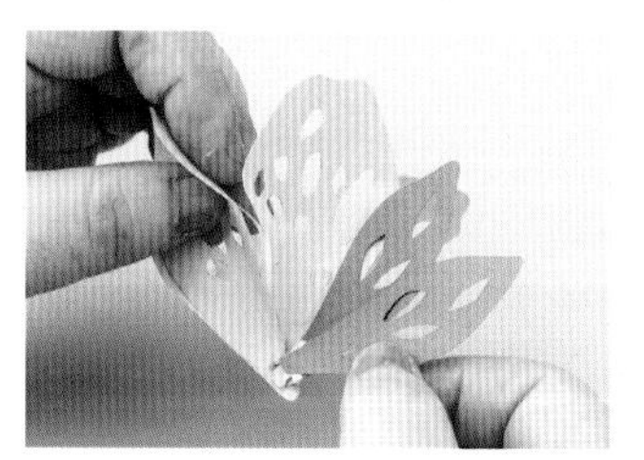

8 꽃의 방향을 따라 7의 잎을 붙인다.

9 꽃잎 끝을 바깥쪽으로 구부려 모양을 잡아 완성한다.

13 나팔꽃

완성사진 p.28 도안 p.125

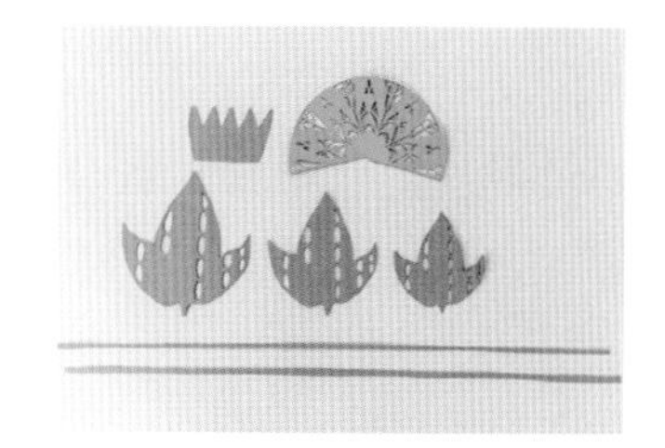

준비물

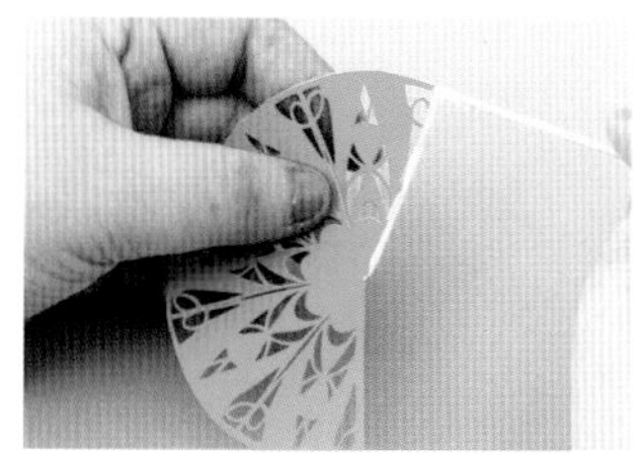

1 사진과 같이 꽃잎의 아래 끝부분에 본드를 바른다.

2 꽃잎이 원뿔 모양이 되도록 둥글리고, 핀셋으로 눌러 맞붙인다.

3 뿔 부분에 본드를 바른다.

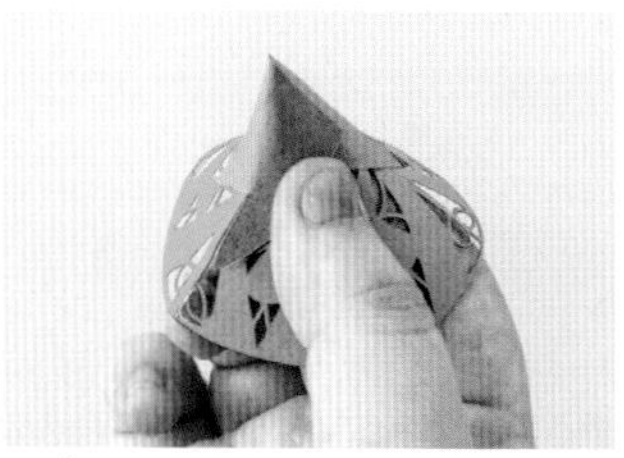

4 꽃받침을 감싸 붙인다.

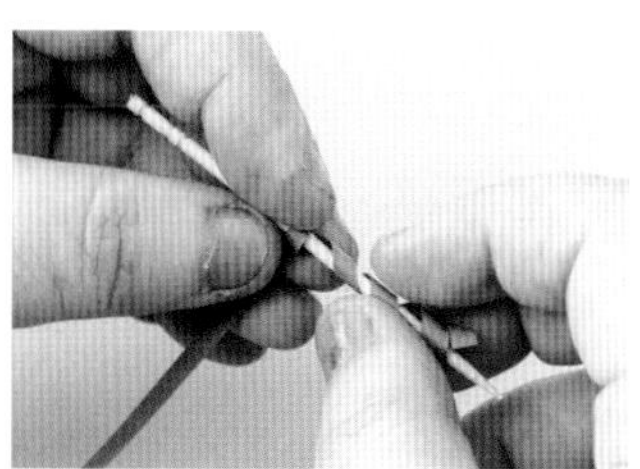

5 이쑤시개에 덩굴을 둘러 감아 꼬불꼬불한 모양으로 만든다. 나머지 1개의 덩굴도 같은 방법으로 만든다.

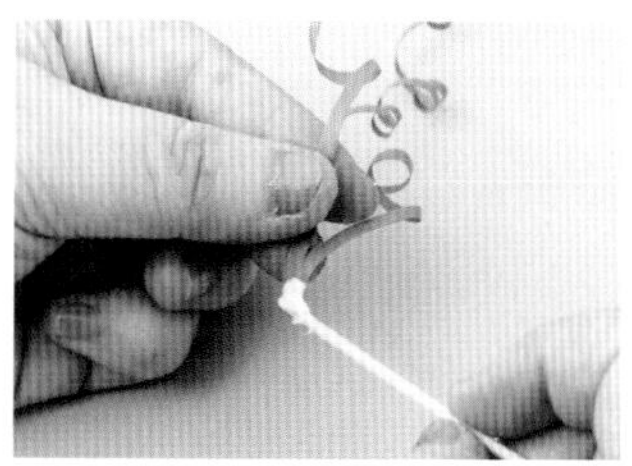

6 덩굴 2개의 끝에 본드를 바른다.

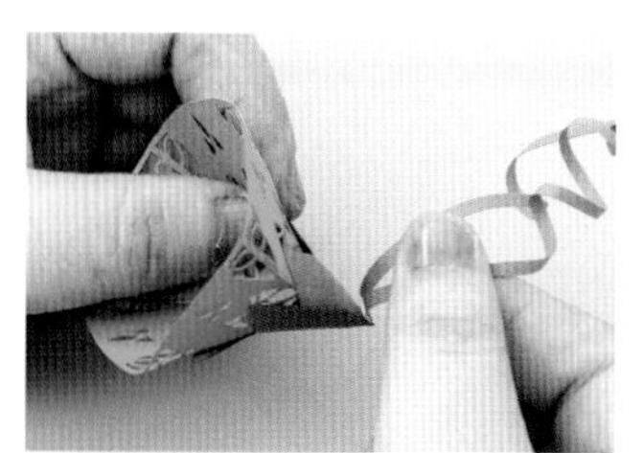

7 4의 꽃받침 아랫부분에 6의 덩굴을 붙인다.

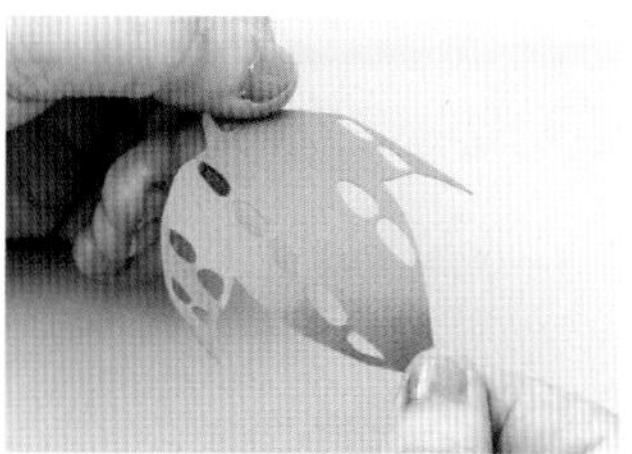

8 잎의 끝을 바깥쪽으로 넘기며 모양을 잡는다.

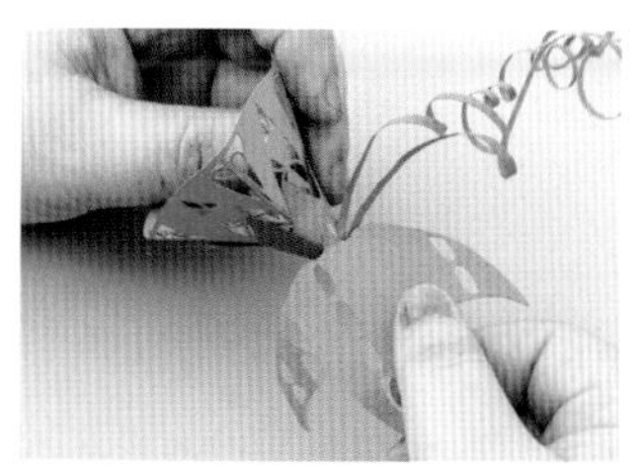

9 잎의 아랫부분에 본드를 발라 1장은 꽃받침에, 2장은 덩굴에 붙여 완성한다.

14 호접란

완성사진 p.30 | 도안 p.126-127

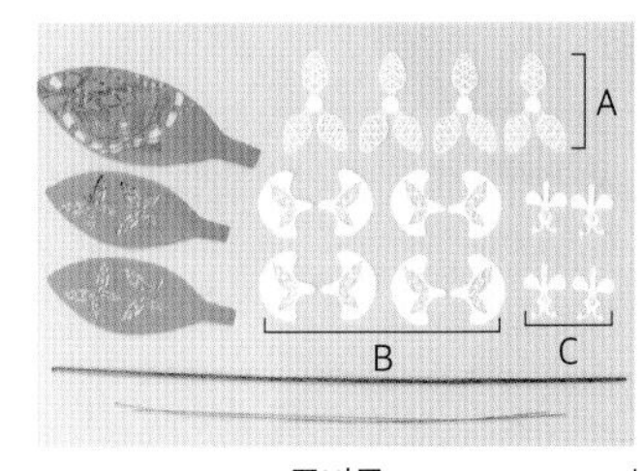

준비물

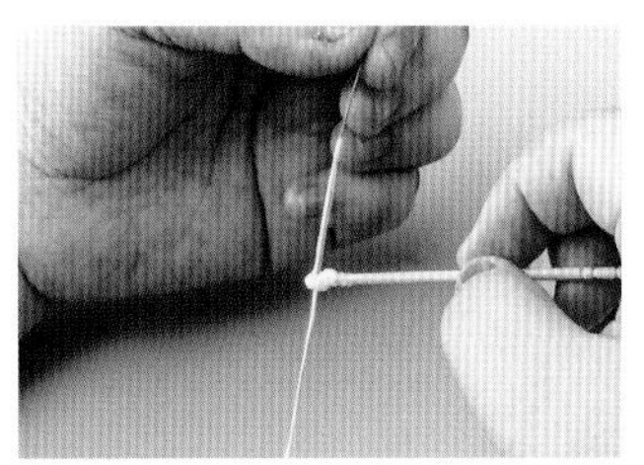

1 잎의 길이에 맞춰 가는 와이어를 자르고 와이어의 한쪽 면에 본드를 바른다.

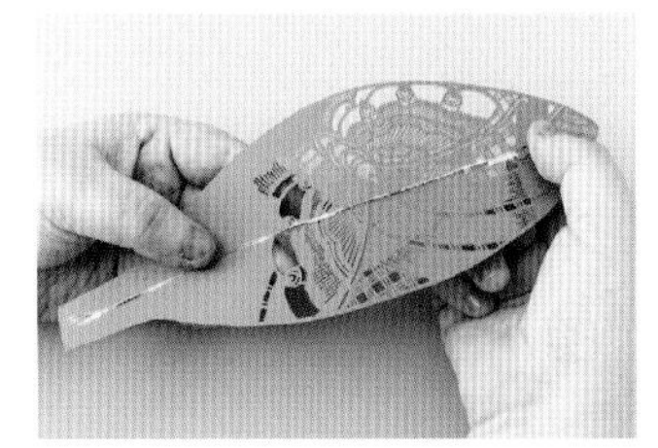

2 1의 와이어를 잎의 중심에 붙인다. 나머지 잎 2장도 같은 방법으로 와이어를 붙인다.

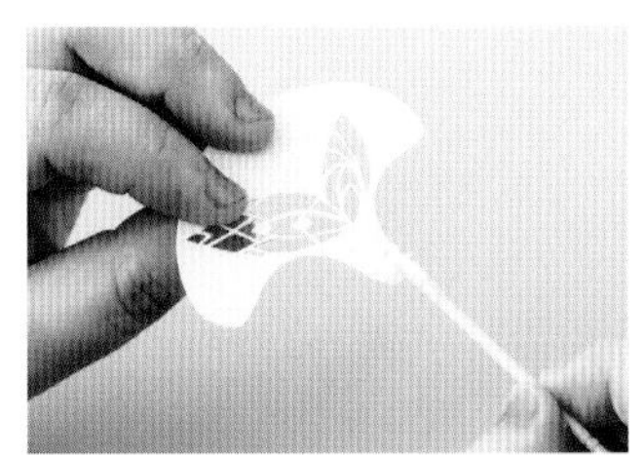

3 꽃잎 B의 아랫부분에 본드를 바른다.

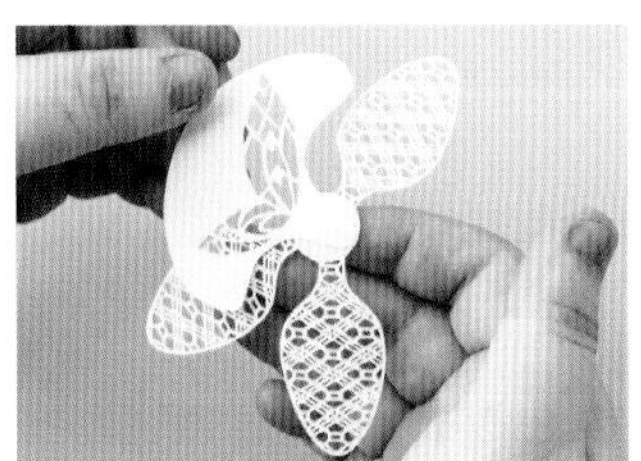

4 3을 꽃잎 A의 중심에 맞춰 붙인다.

5 4의 중심에 본드를 바른다.

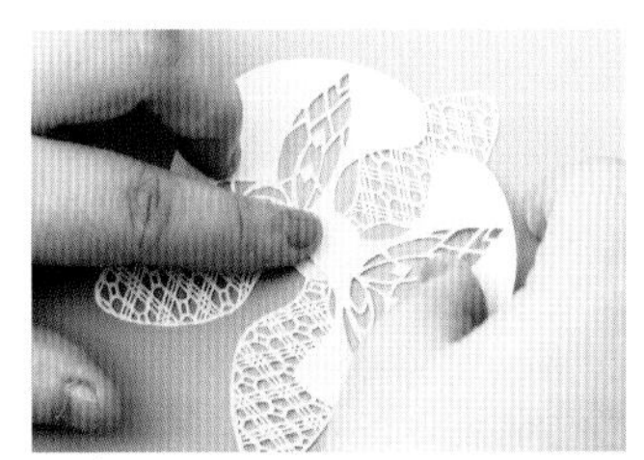

6 3의 맞은편이 되는 위치에 꽃잎 B의 2장째를 붙인다.

7 6에서 붙인 꽃잎 B를 자유롭게 모양을 잡는다.

8 6의 꽃잎 A의 좌우를 바깥쪽으로 넘기며 모양을 잡는다.

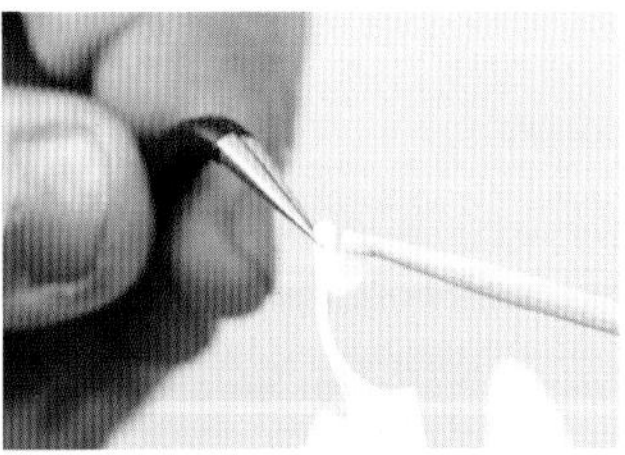

9 사진과 같이 C의 칼집 부분 한쪽에 본드를 바른다.

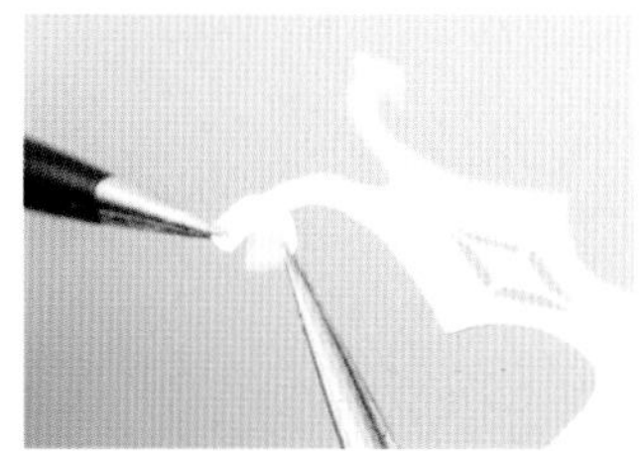

10 살짝 둥글어지도록 칼집 부분을 겹쳐 맞붙인다. 반대쪽도 같은 방법으로 맞붙인다.

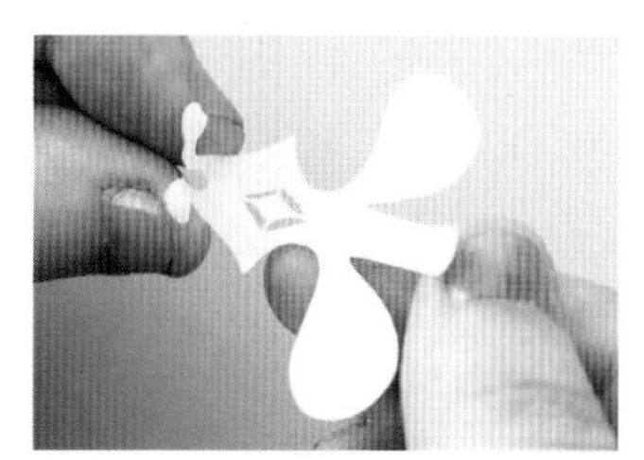

11 10을 손가락으로 밀어 올려세운다.

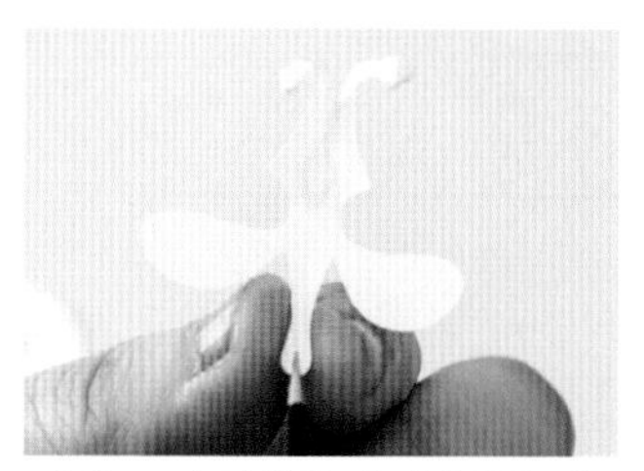

12 C의 아랫부분에 핀셋 끝을 대고 손가락으로 좌우를 눌러 모양을 잡는다.

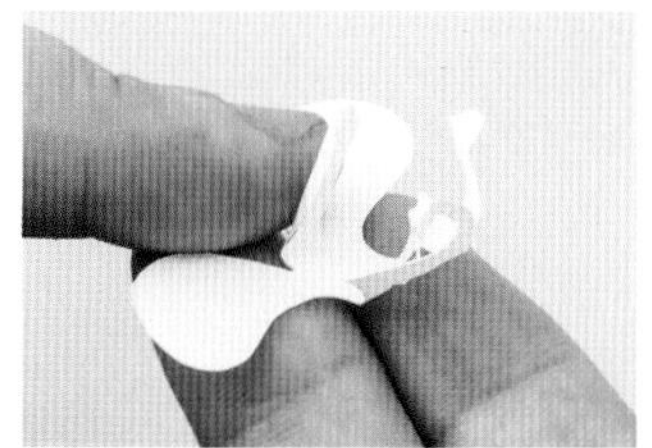

13 12에서 잡은 부분을 손가락으로 밀어 올린다.

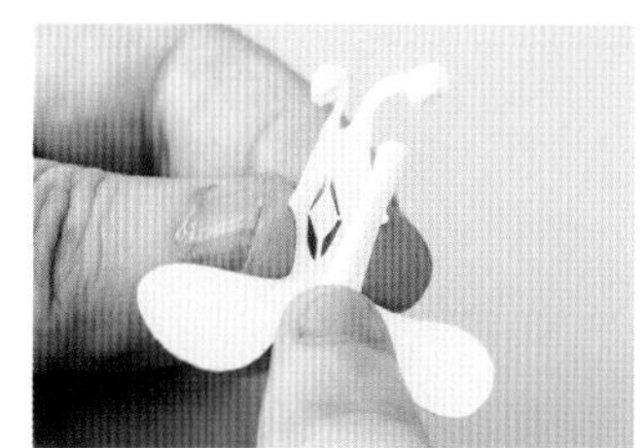

14 아랫부분을 제대로 접어 구부린다.

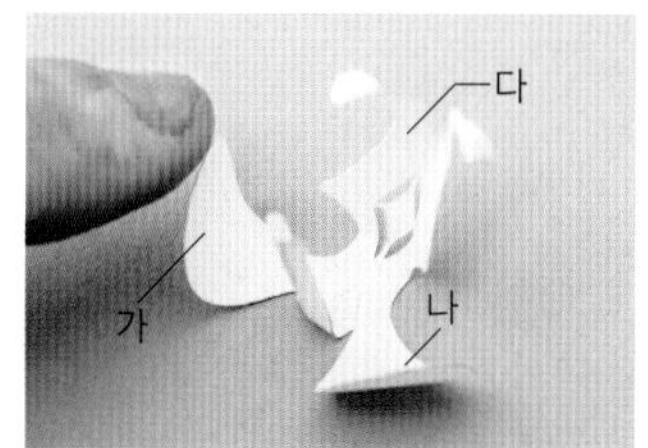

15 가, 나, 다 부분을 안쪽으로 살짝 구부려 모양을 잡는다. 나머지 C 3장도 9~15와 같은 방법으로 모양을 잡는다.

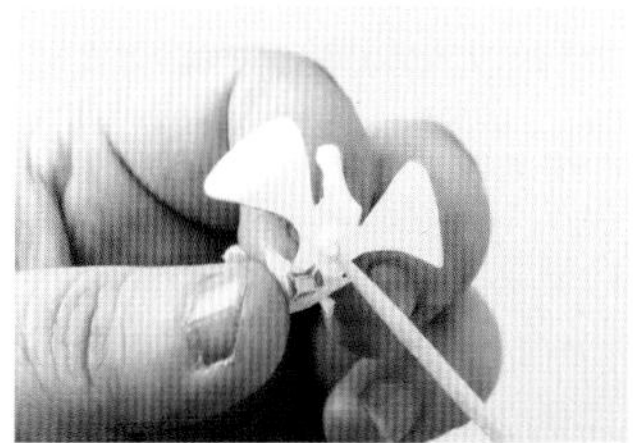

16 15의 뒷면 중심에 본드를 바른다.

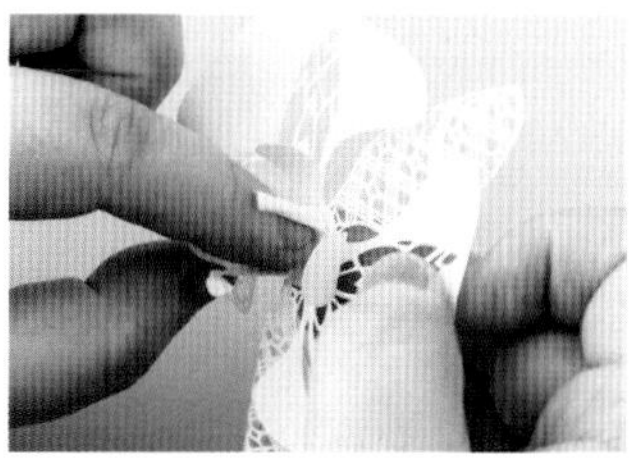

17 8의 중심에 15를 맞붙인다. 이 방법으로 총 4개의 꽃잎을 만든다.

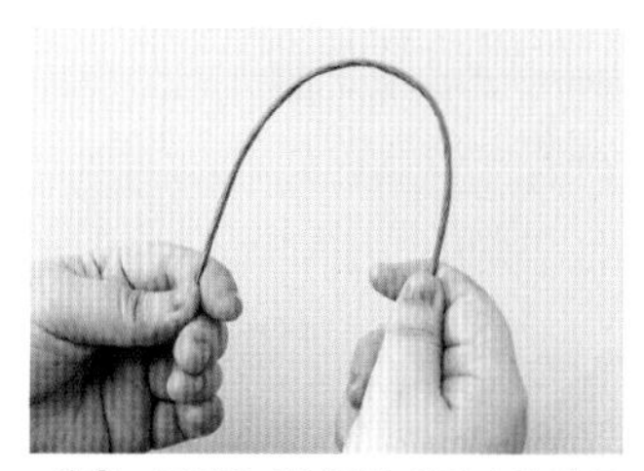

18 두꺼운 와이어를 사진과 같이 구부린다.

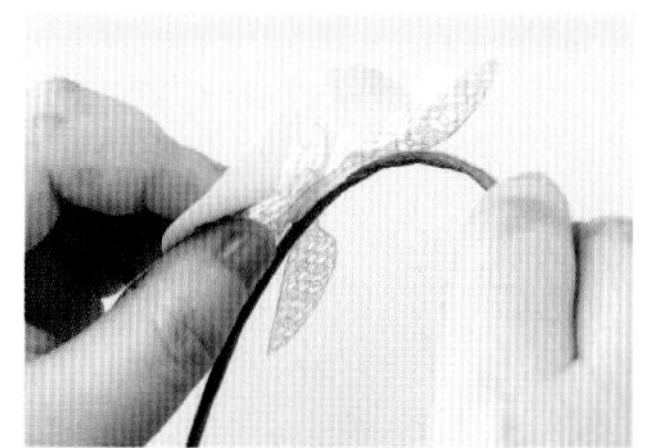

19 와이어에 본드를 바르고 17의 꽃을 붙인다.

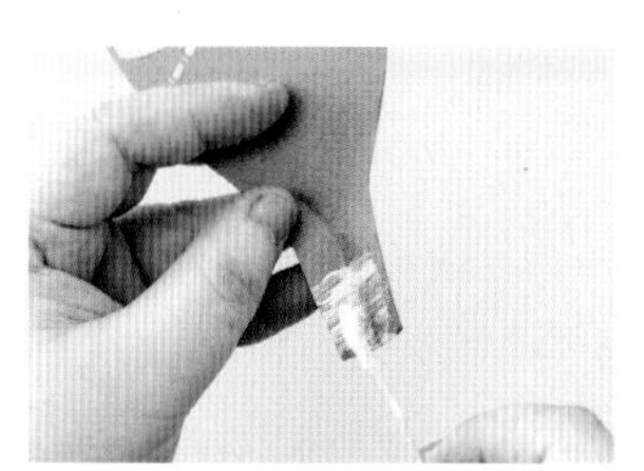

20 2에서 만든 잎의 아랫부분을 안쪽으로 접고 본드를 바른다.

21 20의 잎 사이에 와이어를 끼우듯 붙인다. 나머지 잎 2장도 붙여 완성한다.

15 꽈리

완성사진 p.32 | 도안 p.124

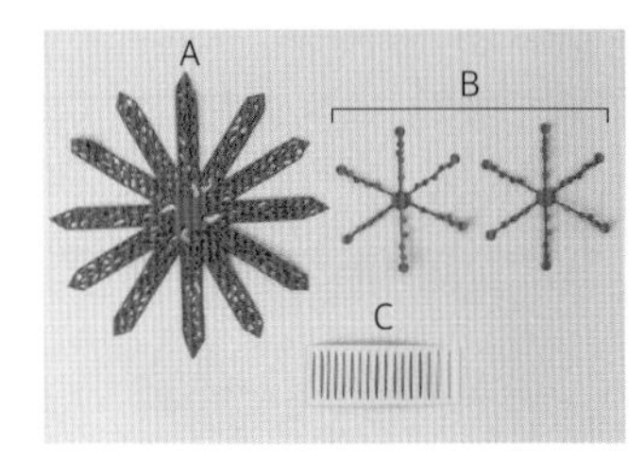

준비물

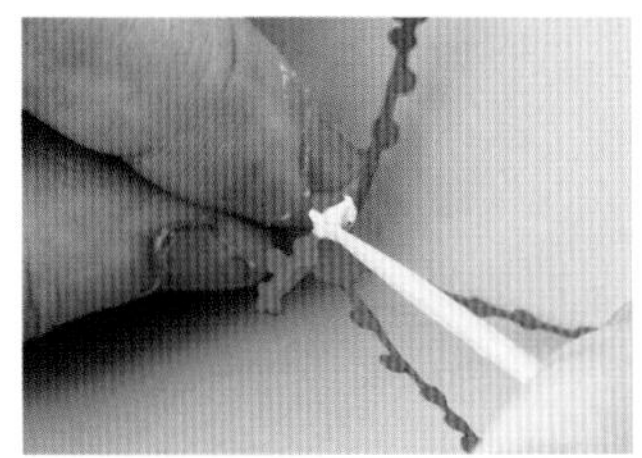

1 B 1개의 끝부분에 본드를 바른다.

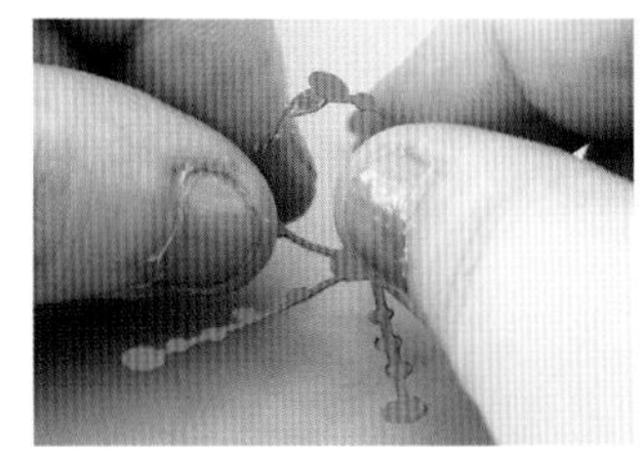

2 맞은편에 있는 끝부분과 겹쳐 맞붙인다.

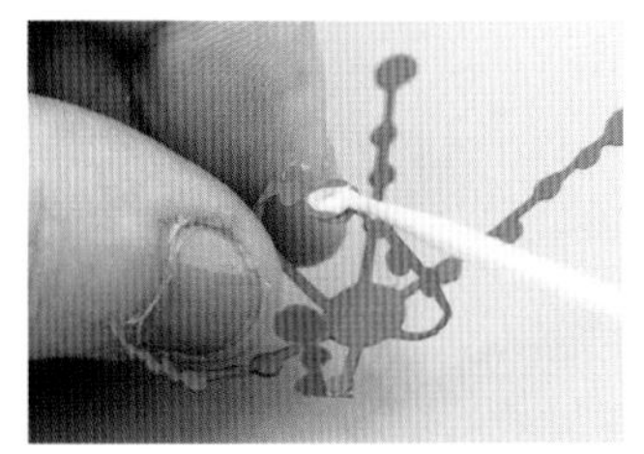

3 2의 이음매에 본드를 바른다.

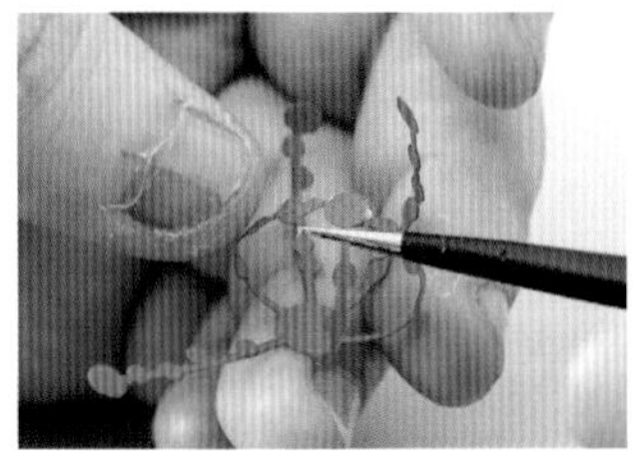

4 나머지 4개의 끝부분을 하나씩 붙여 간다.

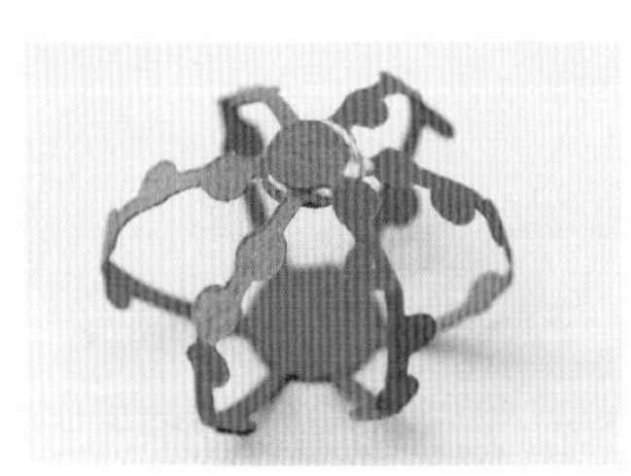

5 6개의 끝부분을 합쳐 붙인 모습

6 5의 이음매 부분에 본드를 바른다.

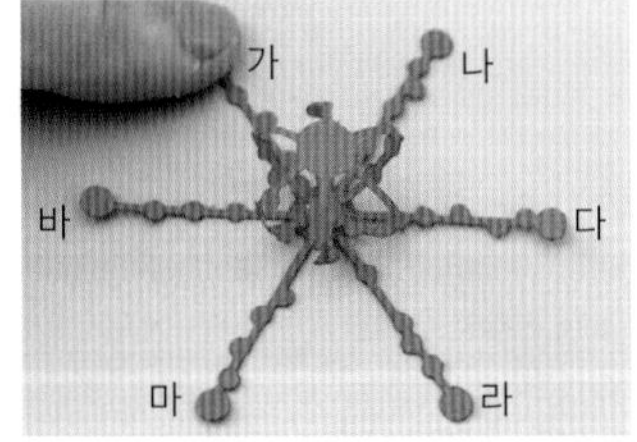

7 나머지 1개의 B의 중심에 서로 엇갈리도록 5를 올리고 고정한다.

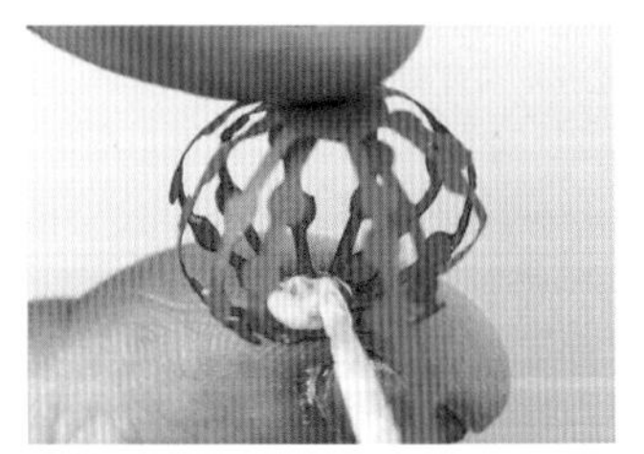

8 7을 거꾸로 돌려 들고 안쪽 중심 부분에 본드를 바른 다음 가~바 끝부분을 1개씩 붙인다.

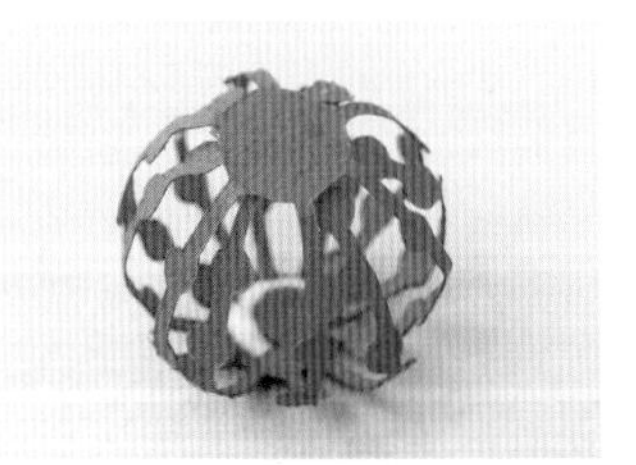

9 가에서 바까지 전부 붙인 모습

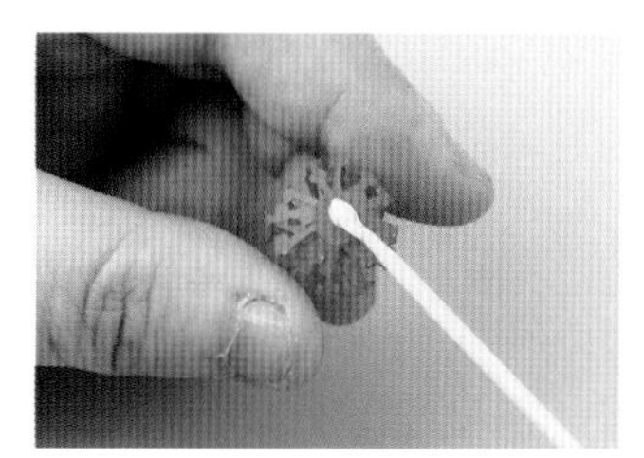

10 9의 바닥면에 본드를 바른다.

11 A의 중심에 10을 올려 고정한다.

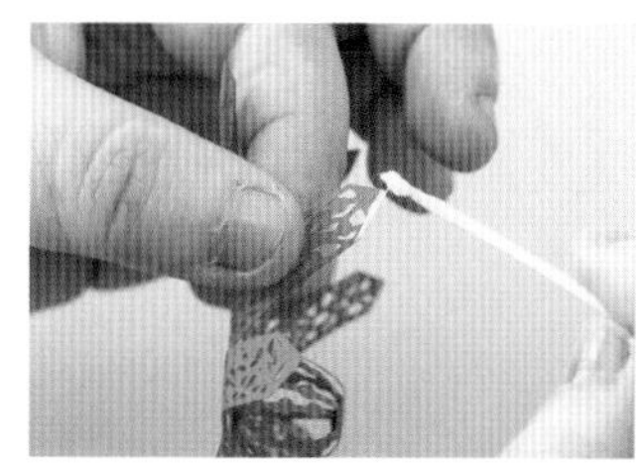

12 A의 가장자리의 한쪽에 본드를 바른다.

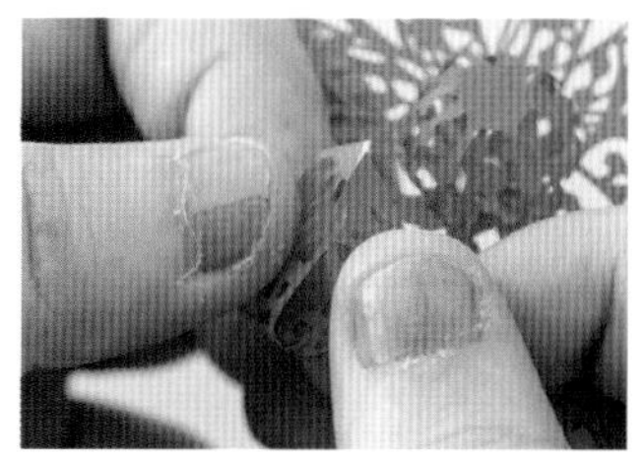

13 옆의 끝 부분과 맞붙인다.

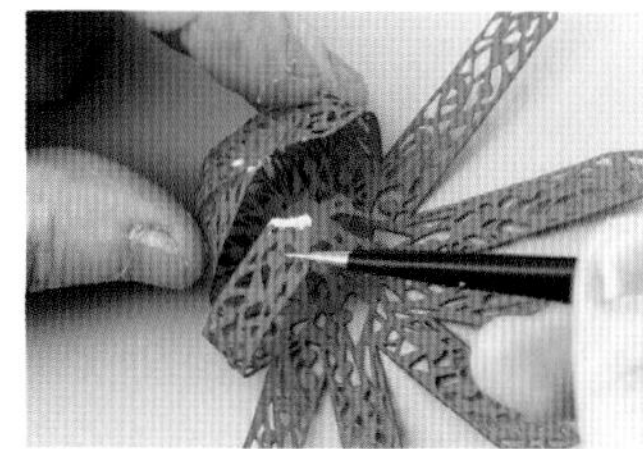

14 12~13과 같은 방법으로 5개를 맞붙인다.

15 중심의 2개를 제외하고 나머지 5개도 12~13과 같은 방법으로 맞붙인다.

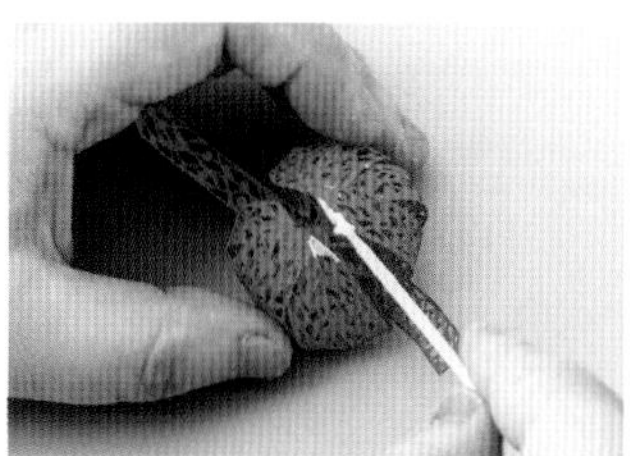

16 맞붙여진 두 군데의 이음매 부분에 본드를 바른다.

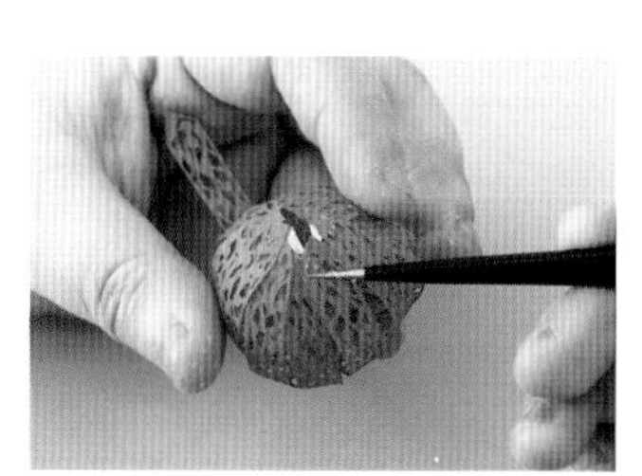

17 남겨 둔 2개를 16의 본드를 바른 부분에 맞붙인다.

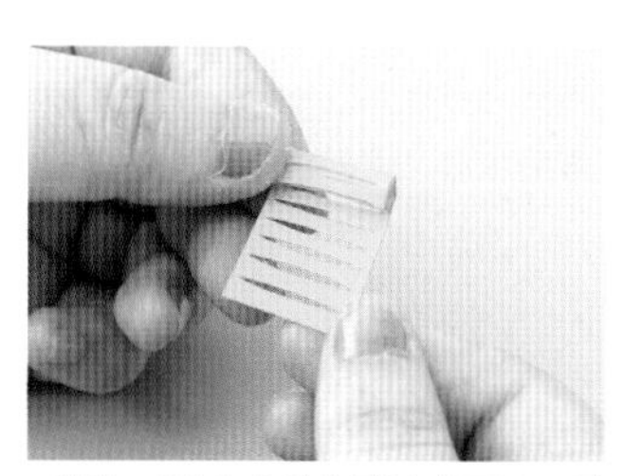

18 C를 느슨하게 감아 본드로 고정시킨다.

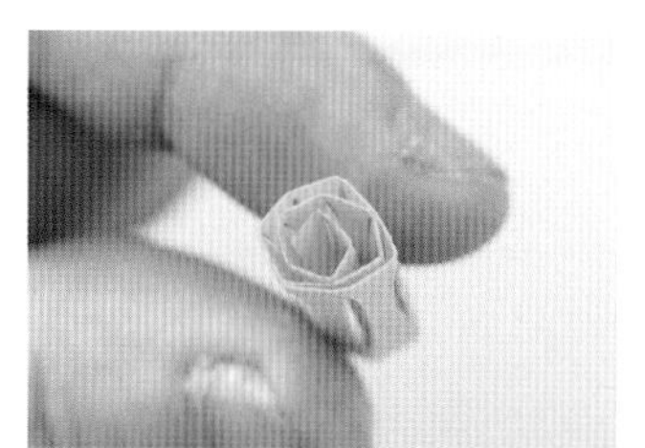

19 다 감은 모습. 안이 조금 느슨하도록 감겨 있어야 한다.

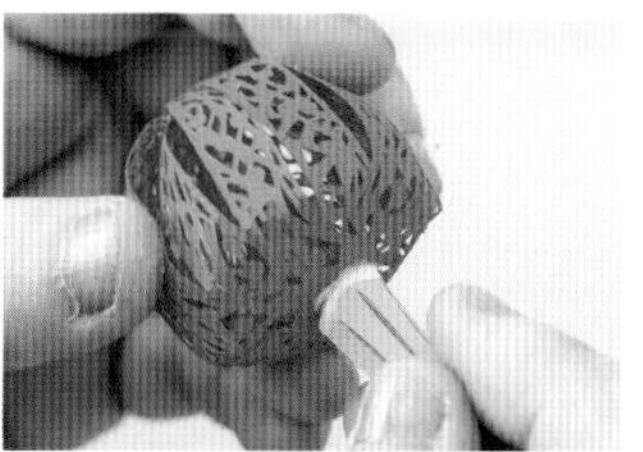

20 19의 끝 부분에 본드를 바르고 17의 중앙에 붙여 완성한다.

16 일일초

완성사진 p.34 도안 p.127

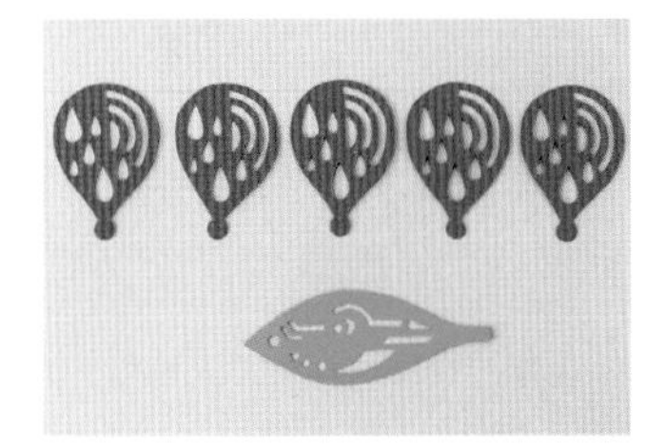

준비물

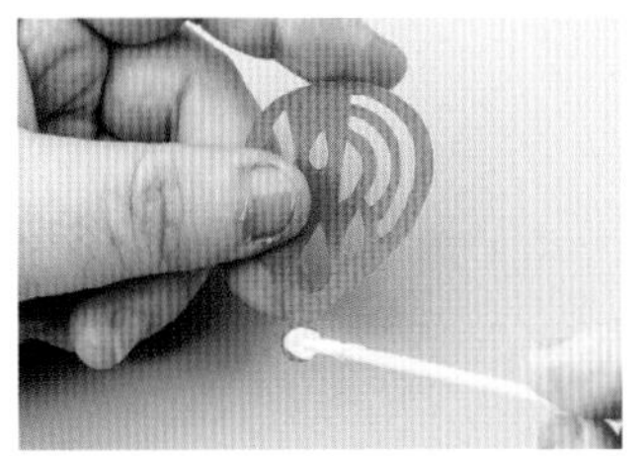

1 꽃잎 아랫부분에 본드를 바른다.

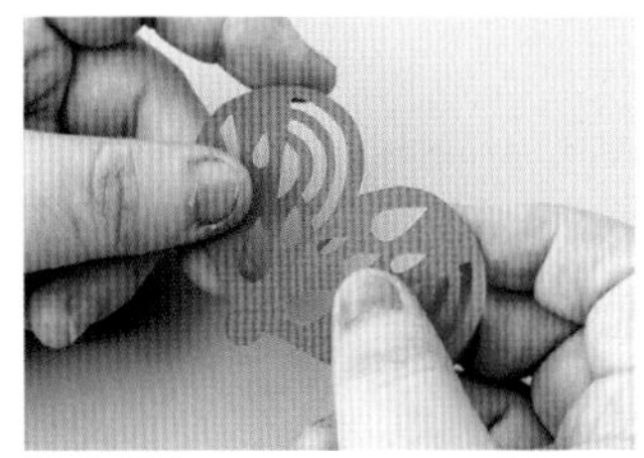

2 1에 2장째 꽃잎을 살짝 겹쳐 붙인다.

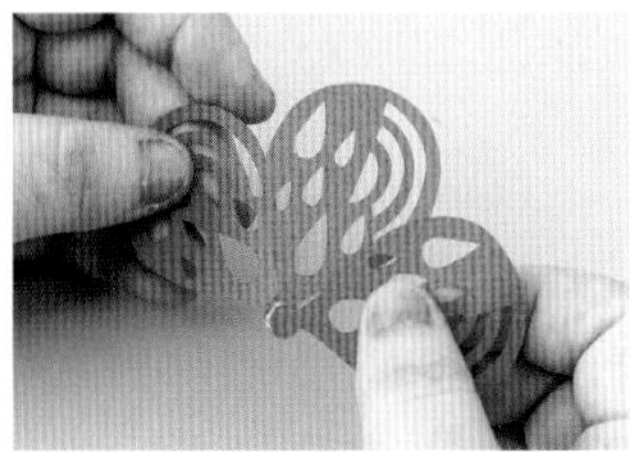

3 2의 중심에 본드를 바르고 3장째의 꽃잎을 조금 겹쳐 붙인다. 같은 방법으로 4장째, 5장째의 꽃잎도 붙인다.

4 각 꽃잎의 한쪽만 안쪽으로 구부려 모양을 잡는다.

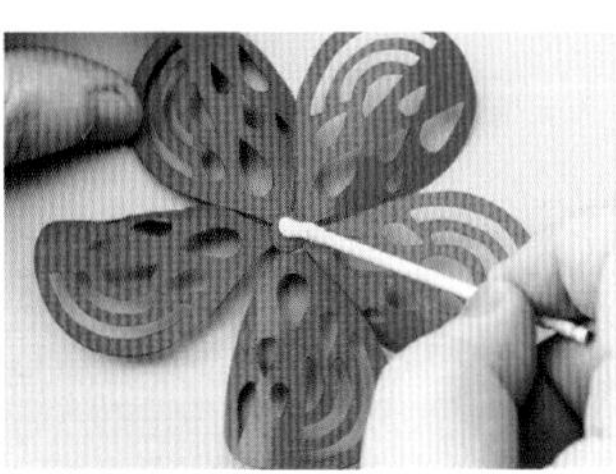

5 꽃 뒷면 중심에 본드를 바른다.

6 잎을 붙인다.

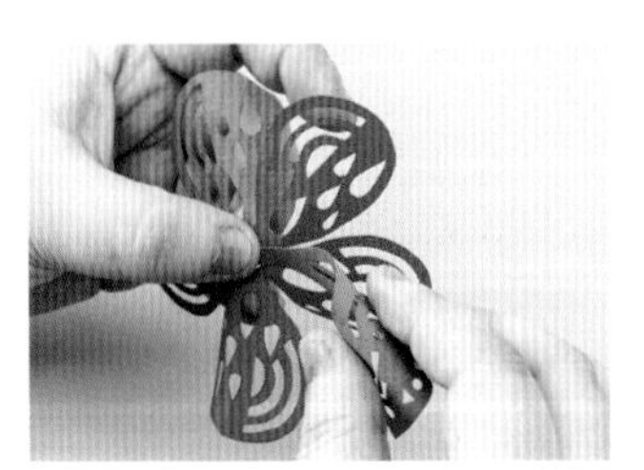

7 잎을 사진과 같이 비스듬히 둥글려 모양을 잡아 완성한다.

17 은방울꽃

완성사진 p.35 | 도안 p.128

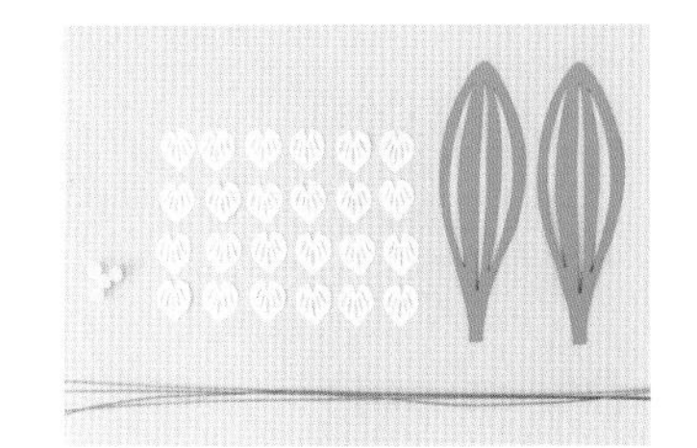

준비물

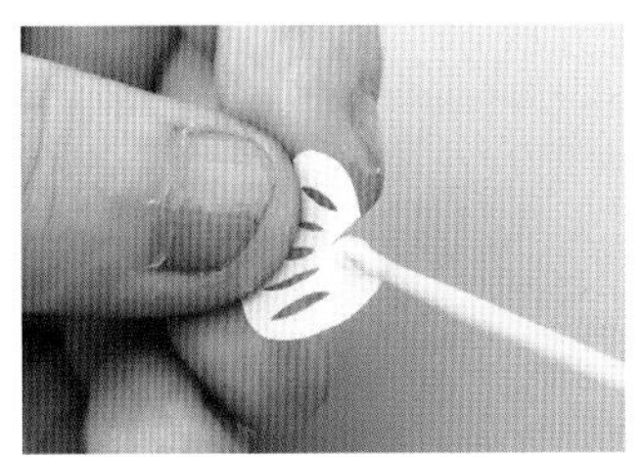

1 꽃잎의 칼집 한쪽에 본드를 바른다.

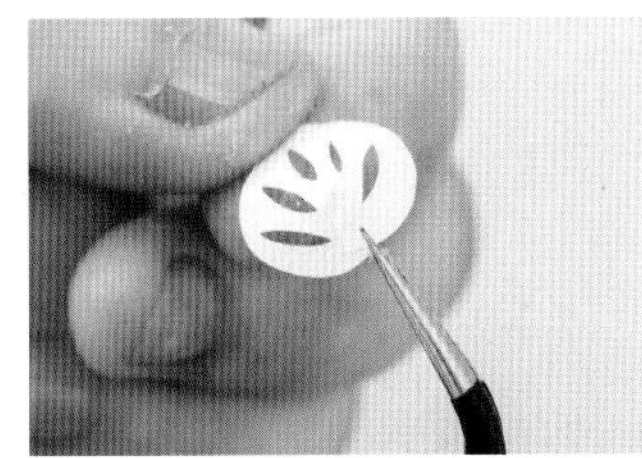

2 꽃잎이 살짝 둥글어지도록 칼집 부분을 맞붙인다. 1~2와 같은 방법으로 총 24장의 꽃잎을 맞붙인다.

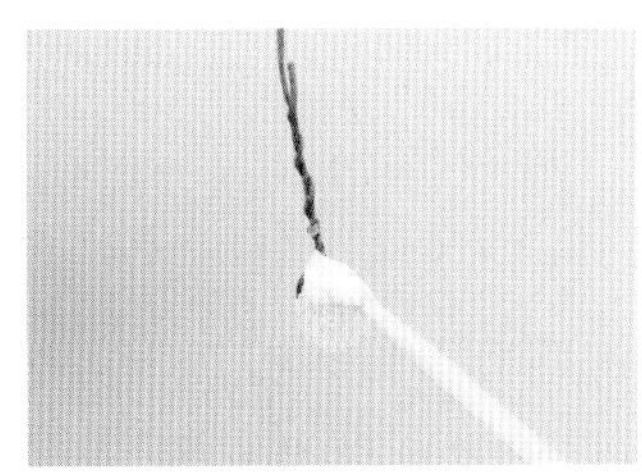

3 비즈를 4개 준비한다. 비즈에 가는 와이어를 통과시킨 다음 비틀어서 고정시킨다. 비즈가 연결된 부분에 본드를 바른다.

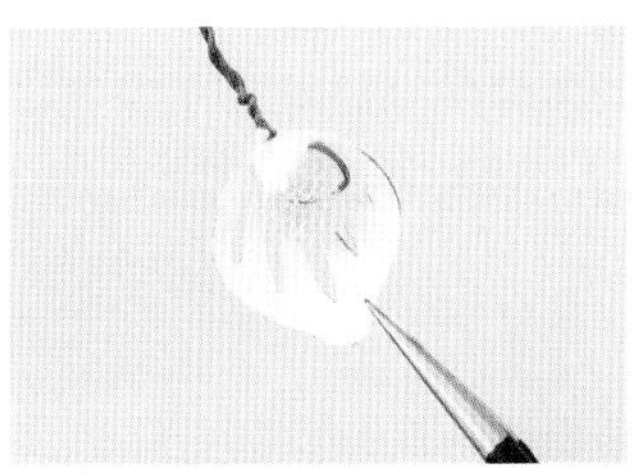

4 비즈의 둘레를 따라 꽃잎을 붙인다.

5 4에 2장째의 꽃잎을 붙인다. 2장씩 마주보는 모양이 되도록 총 6장 붙인다.

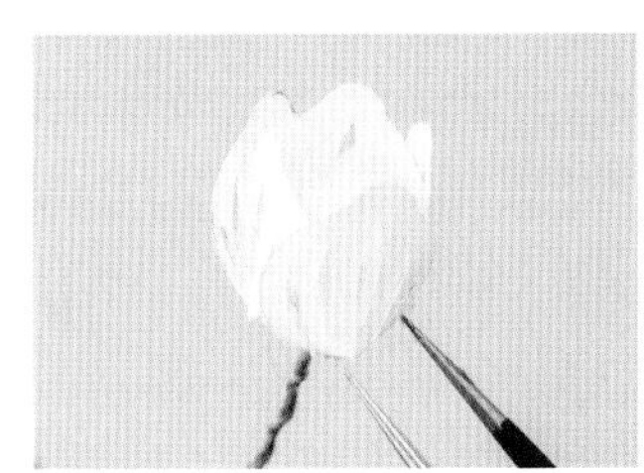

6 비즈에 꽃잎 6장을 붙인 모습.

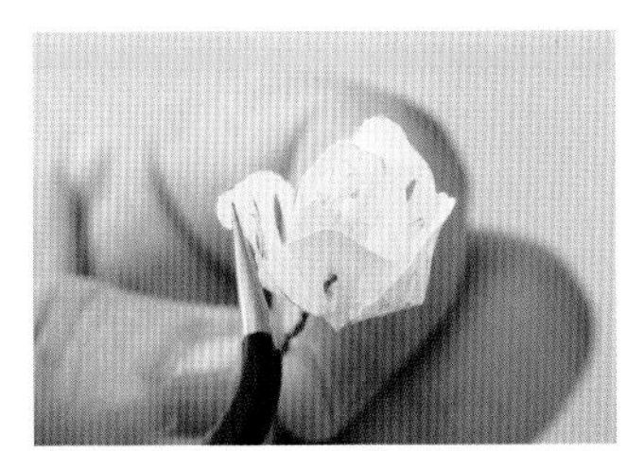

7 꽃잎 끝을 바깥쪽으로 구부려 모양을 잡는다. 3~7과 같은 방법으로 총 4송이의 꽃을 만든다.

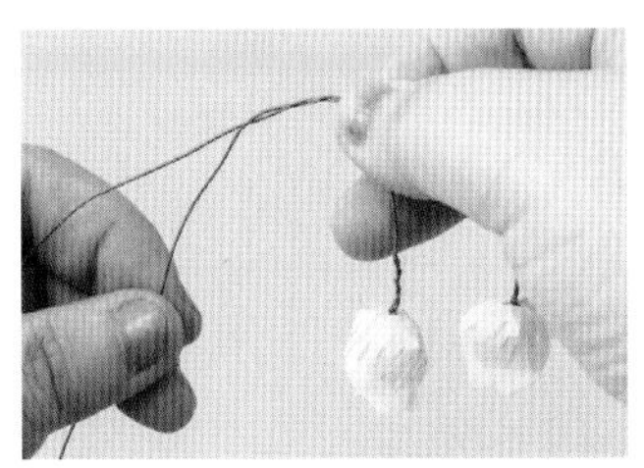

8 꽃 2송이의 와이어를 감아 하나로 합친다. 나머지 2송이도 같은 방법으로 합친다.

9 잎의 아랫부분을 안쪽으로 살짝 접어 본드를 바른 다음 8의 와이어를 끼우듯 넣어 붙인다. 그 맞은편에 나머지 잎 1장도 붙여 완성한다.

18 장미

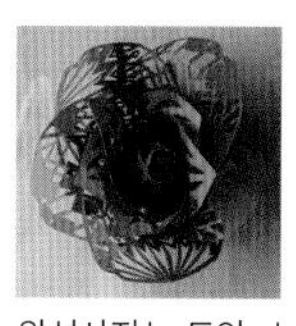

완성사진 p.36 | 도안 p.128

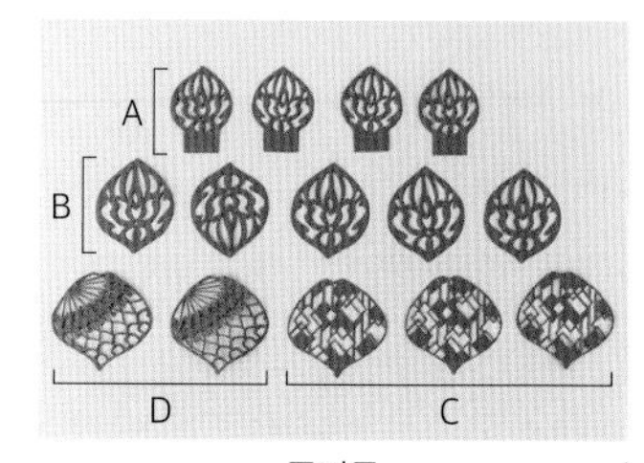

준비물

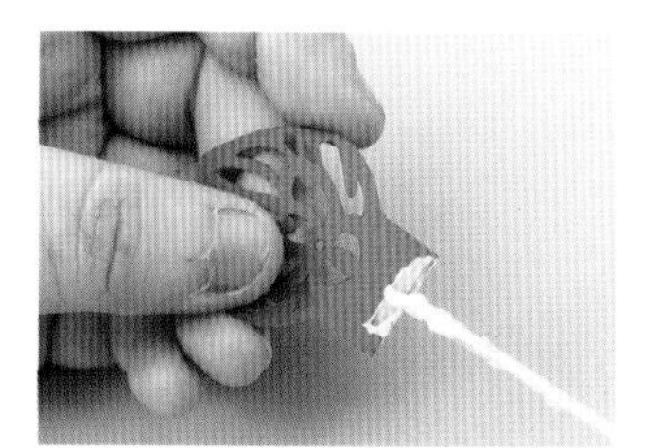

1 꽃잎 A의 아랫부분에 본드를 바른다.

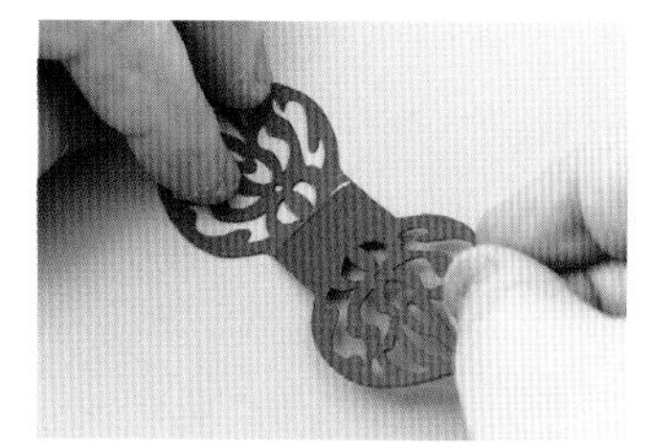

2 1에 2장째의 꽃잎 A를 붙인다.

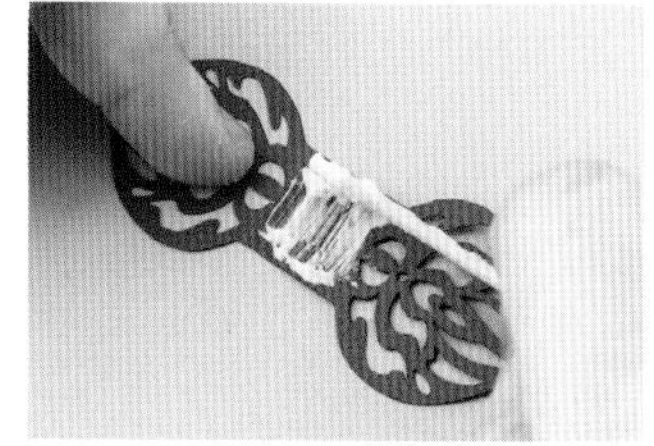

3 2의 이음새에 본드를 바른다.

4 사진과 같이 3에 꽃잎 A의 나머지 2장을 서로 마주보도록 붙인다.

5 꽃잎 1장을 들어 올려 모양을 잡는다. 마주보고 있는 꽃잎도 같은 방법으로 모양을 잡는다.

6 남은 꽃잎의 양 끝에 본드를 바른다.

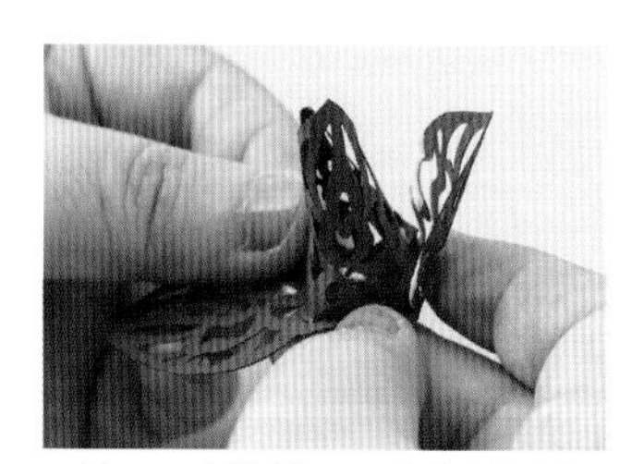

7 6의 꽃잎을 모두 올려 맞붙인다.

8 꽃의 중심 완성.

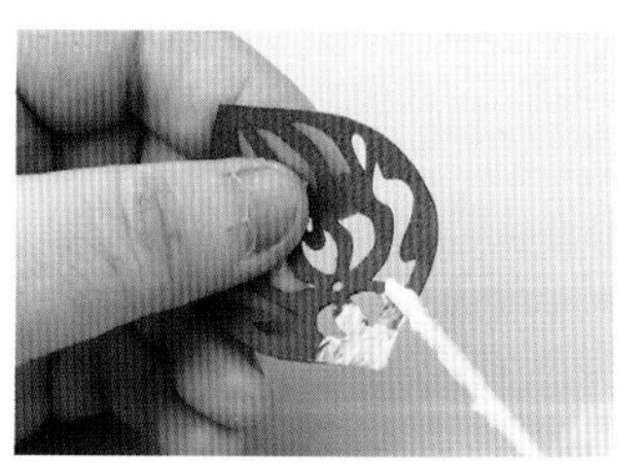

9 꽃잎 B의 아랫부분에 본드를 바른다.

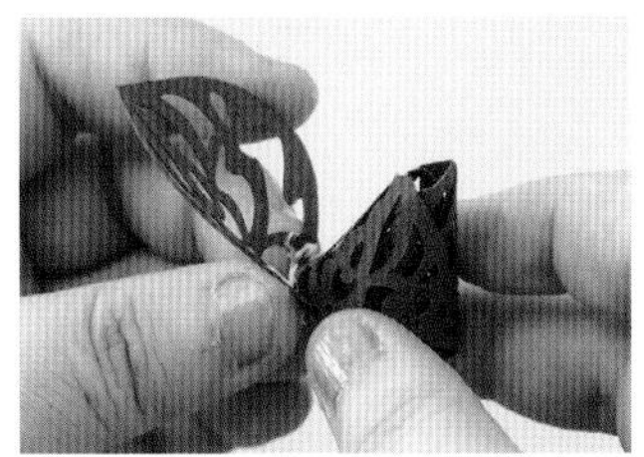

10 8의 둘레를 따라 붙인다.

11 10에서 붙인 꽃잎 옆 부분에 본드를 바른다.

12 2장째의 꽃잎 B를 조금 겹쳐 붙인다.

13 9~12와 같은 방법으로 3장째의 꽃잎 B를 붙인다. 나머지 꽃잎 B 2장도 같은 방법으로 붙인다.

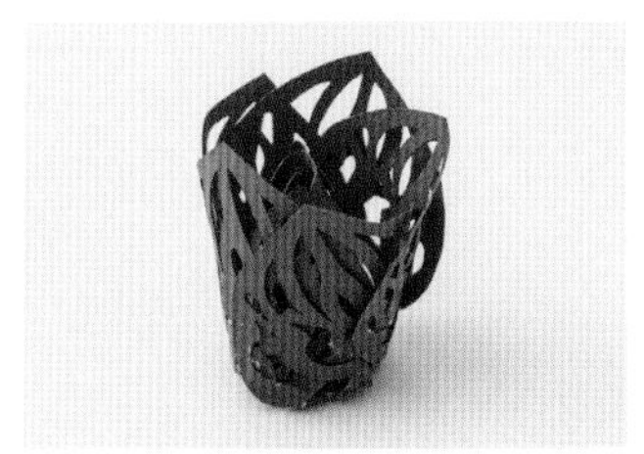

14 꽃잎 B 5장을 붙인 모습.

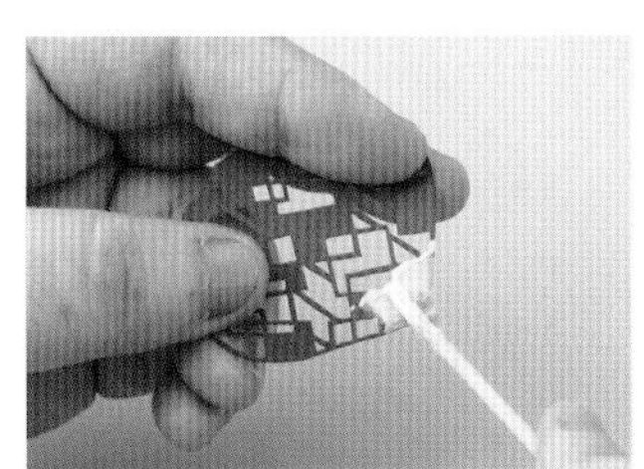

15 꽃잎 C의 아랫부분에 본드를 바른다.

16 14의 둘레를 따라 붙인다.

17 꽃잎 D의 끝에 본드를 바르고 16에서 붙인 꽃잎에 붙인다. 15~17과 같은 방법으로 2장째의 꽃잎 C, 2장째의 꽃잎 D를 붙인다.

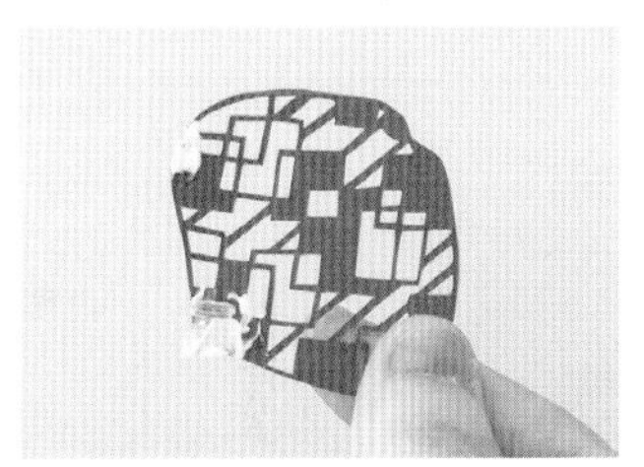

18 3장째 꽃잎 C 옆과 아랫부분에 본드를 바른다.

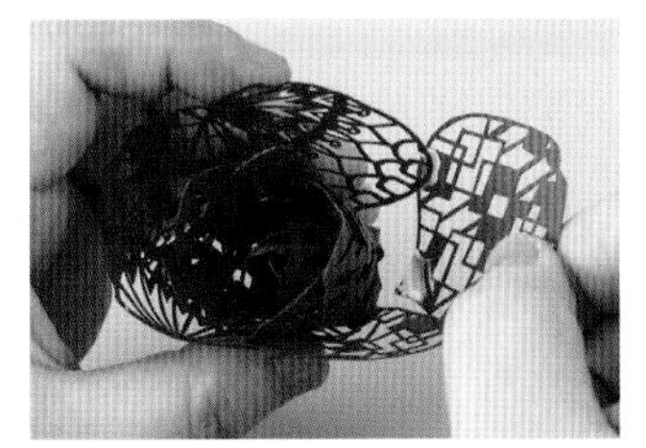

19 17에 붙인다.

20 15에서 붙인 꽃잎 C의 끝에 본드를 발라 3장째 꽃잎 C와 붙인다.

21 꽃잎 끝을 바깥쪽으로 구부려 모양을 잡고 전체를 정돈하여 완성한다.

19 수련

완성사진 p.38 | 도안 p.130-131

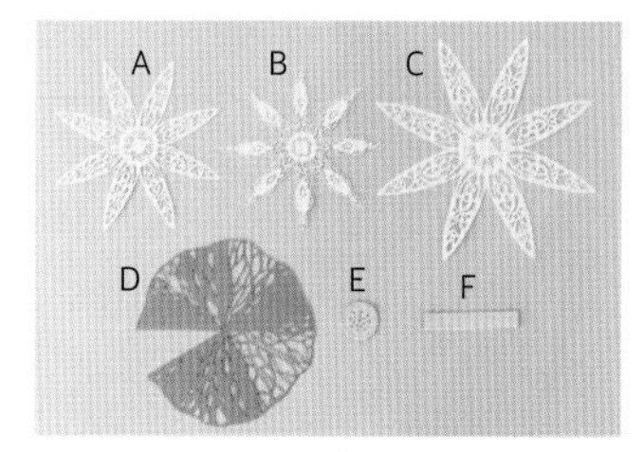

준비물

1 꽃잎 C의 끝에 이쑤시개를 대고 안쪽으로 구부려 모양을 잡는다. 꽃잎 A와 B도 같은 방법으로 모양을 잡는다.

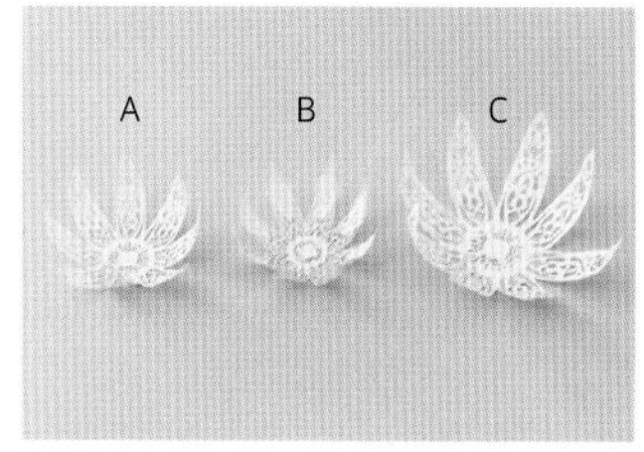

2 왼쪽부터 모양을 잡은 꽃잎 A, B, C

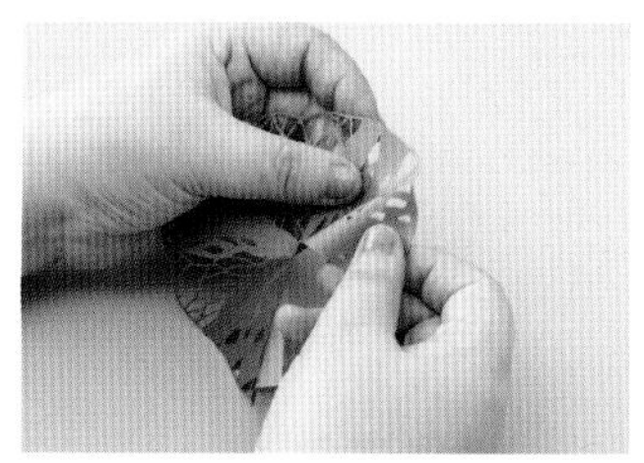

3 D의 잎은 구부리는 등 자유롭게 모양을 잡는다.

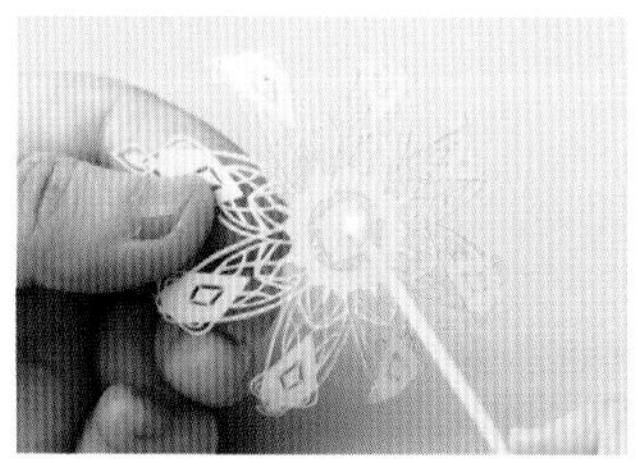

4 꽃잎 B의 뒷면 중심에 본드를 바른다.

5 꽃잎 A의 위에 4의 꽃잎 B가 사진과 같이 엇갈리도록 배치하여 붙인다.

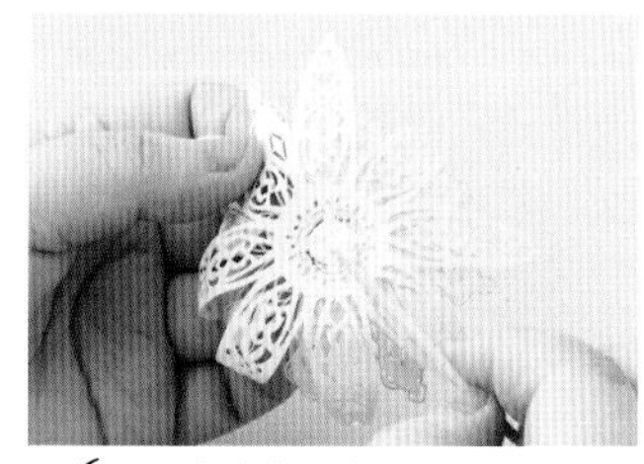

6 5의 뒷면 중심에 본드를 바른다.

7 꽃잎 C의 위에 5를 붙인다.

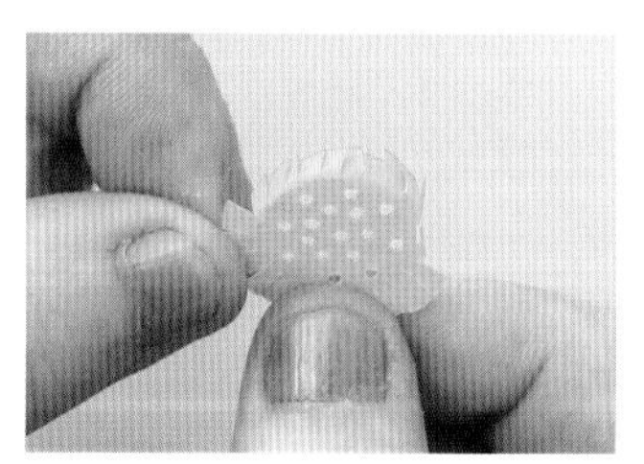

8 E의 칼집 부분을 세운다.

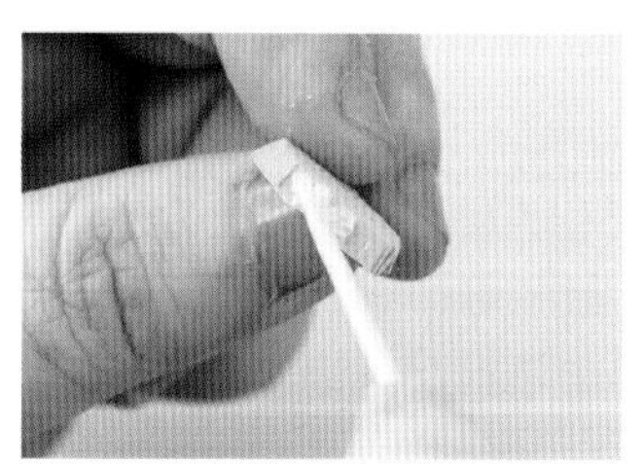

9 세운 부분의 바깥에 본드를 바른다.

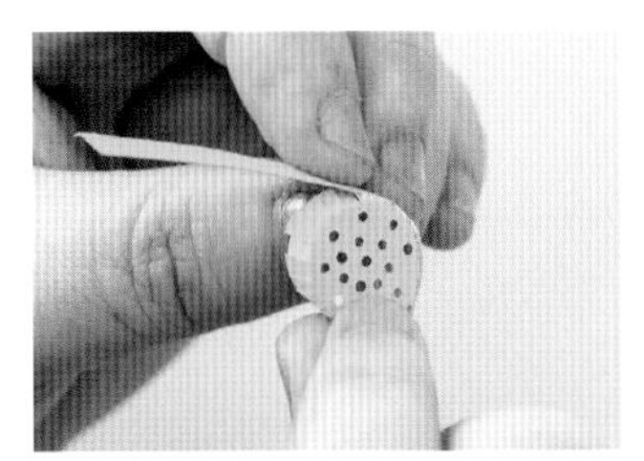

10 9에서 세운 부분에 F를 감아 맞붙인다.

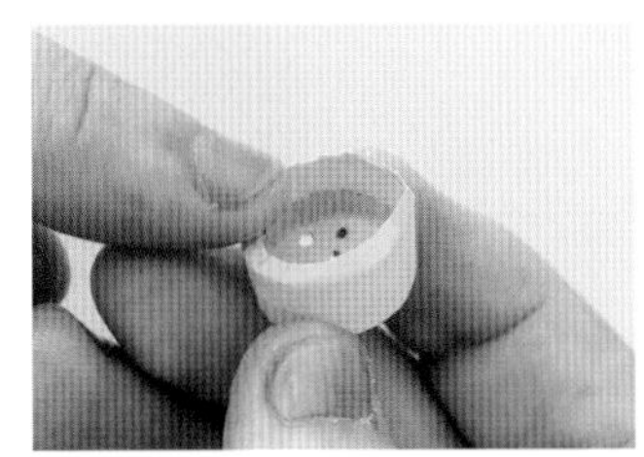

11 10에서 감은 윗부분을 사진과 같이 구부린다.

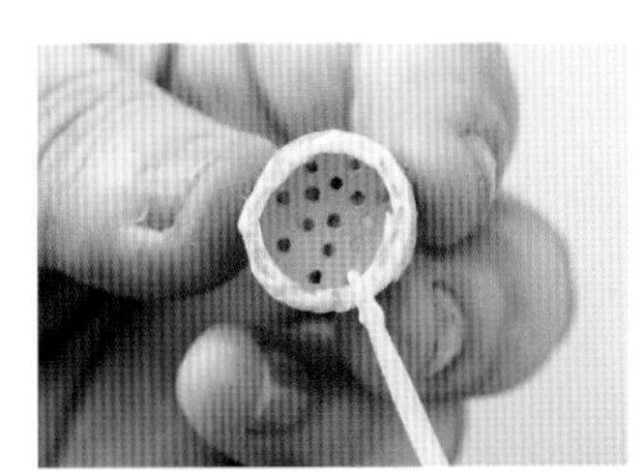

12 구부린 부분에 본드를 바른다.

13 7의 중심에 12를 붙인다.

14 잎의 위에 꽃을 올려 완성한다. 본드로 고정시켜도 좋다.

20 패랭이꽃

완성사진 p.40 | 도안 p.131

준비물

꽃잎 끝을 바깥쪽으로 구부려 모양을 잡고, 중심 부분을 살짝 들어 올려 완성한다.

21 월하미인

완성사진 p.41 도안 p.129

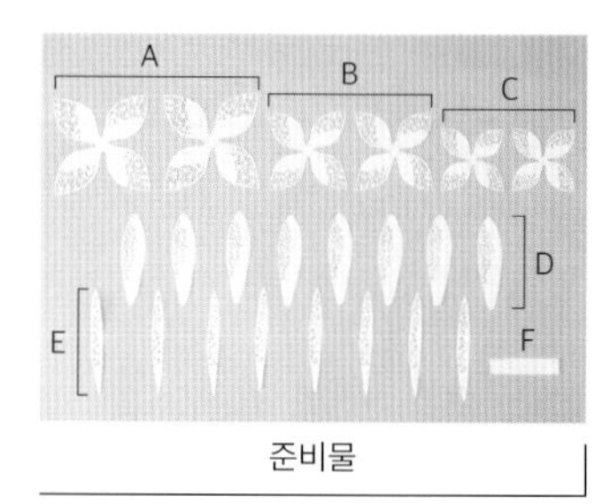

준비물

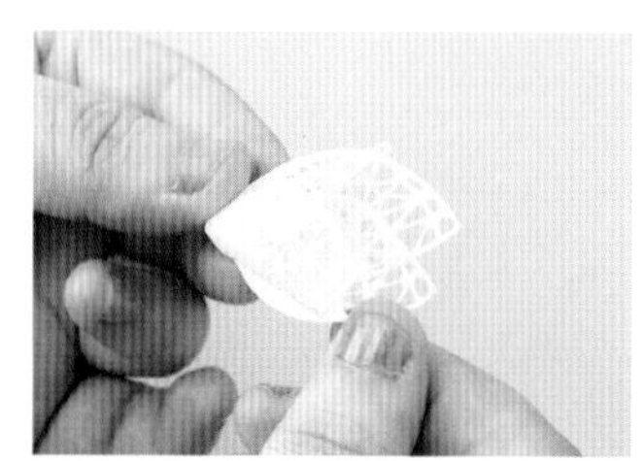

1 A의 꽃잎을 2개를 손가락으로 잡아 올리며 살짝 겹친다.

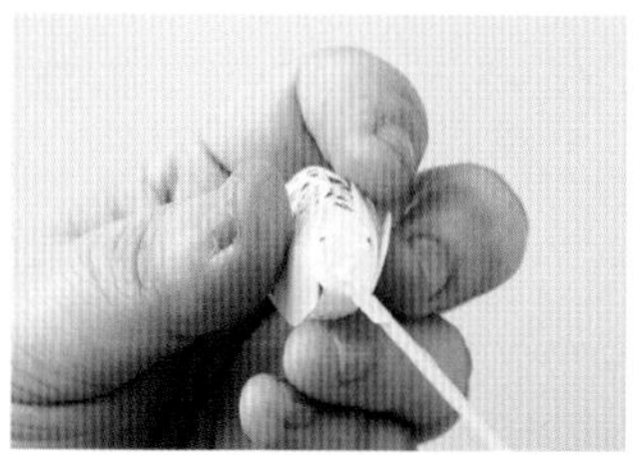

2 4장의 꽃잎을 들어 올려 겹친 모습.

3 2의 바닥에 본드를 바른다.

4 나머지 꽃잎 A의 중심에 3을 붙인다.

5 바깥쪽의 꽃잎들을 손가락으로 잡으며 모양을 만든다.

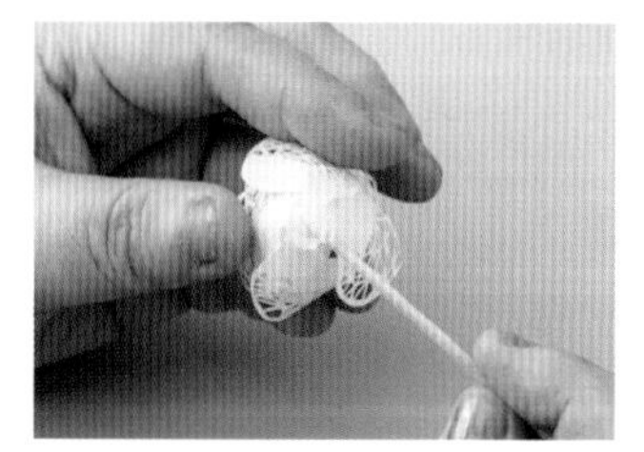

6 1~5와 같은 방법으로 꽃잎 B와 C도 만든다.

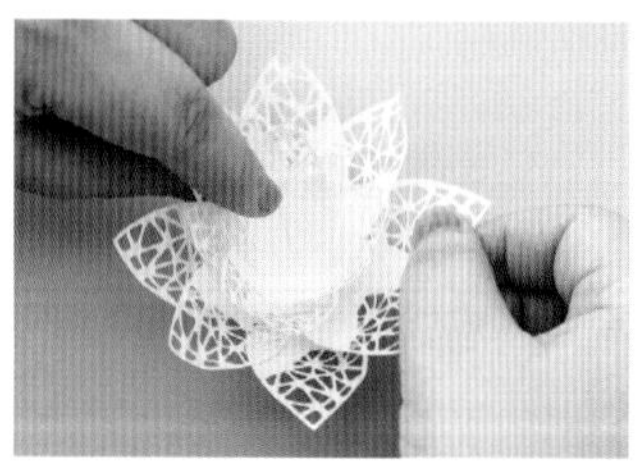

7 꽃(소)의 바닥에 본드를 바른다.

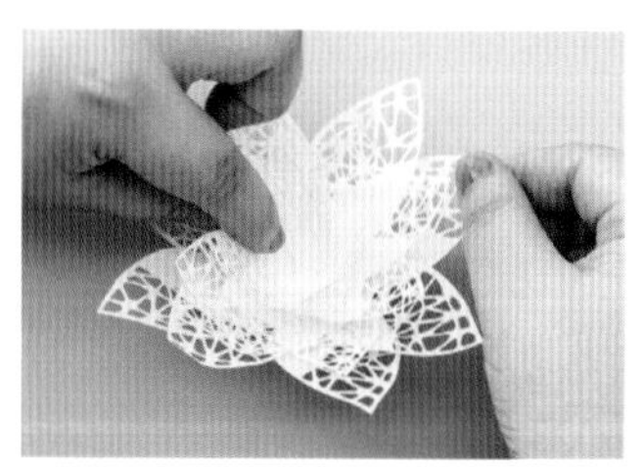

8 꽃(중)의 중심에 7의 꽃(소)를 붙인다.

9 8의 바닥에 본드를 바르고 꽃(대)의 중심에 붙인다.

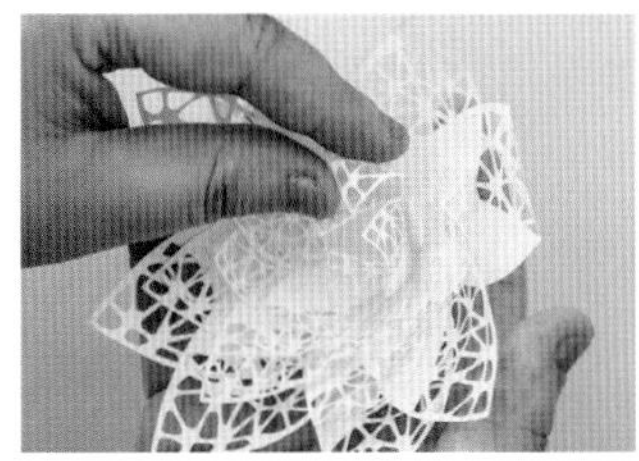

10 꽃잎 끝을 안쪽으로 구부려 모양을 잡는다.

11 꽃잎 D의 아랫부분에 본드를 바른다.

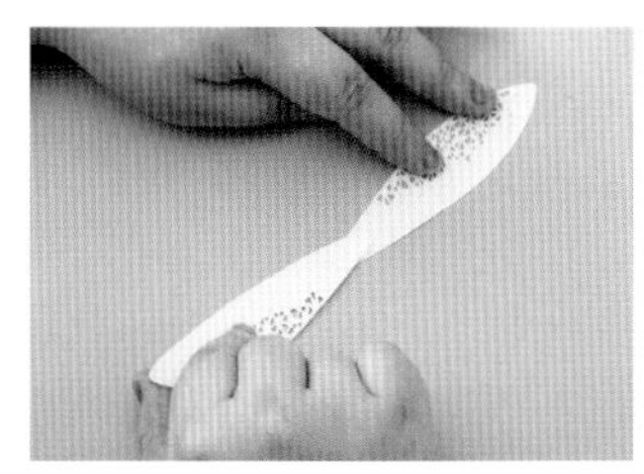

12 11의 맞은편에 2장째의 꽃잎 D를 붙인다.

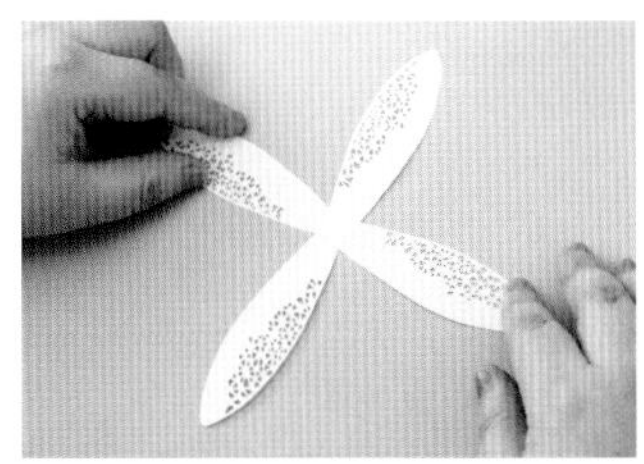

13 12의 이음매에 본드를 바르고 3장째와 4장째의 꽃잎 D를 마주보도록 붙인다.

14 꽃잎 D의 5장째와 6장째, 7장째와 8장째를 각각 마주보도록 붙인다.

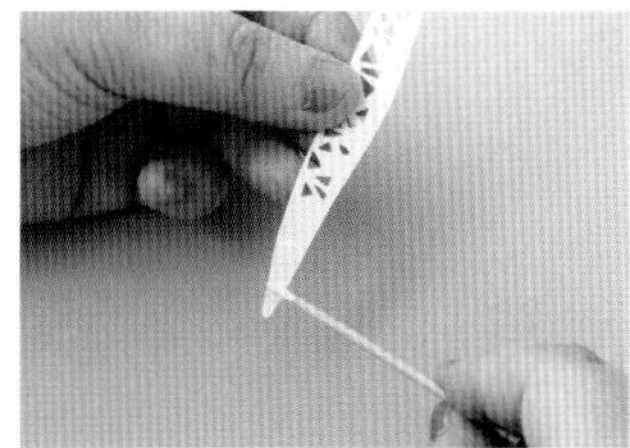

15 꽃잎 E의 아랫부분에 본드를 바른다.

16 14의 꽃잎 사이사이에 15의 꽃잎 E를 모두 붙인다.

17 16에서 붙인 꽃잎 E의 끝을 안쪽으로 구부려 모양을 잡는다.

18 꽃심 만드는 방법(P.68)을 참조하여 F로 꽃심을 만들어 본드를 바르고 10의 중심에 붙인다.

19 18의 뒷면 중심에 본드를 바르고 17의 중심에 붙여 완성한다.

22 시계꽃

완성사진 p.42 | 도안 p.132

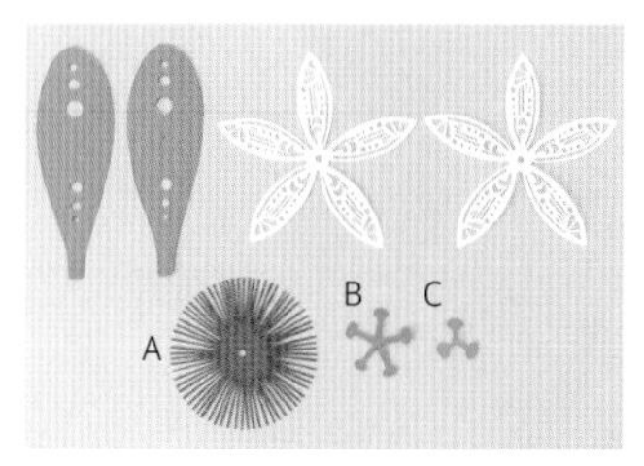

준비물

1 꽃잎 끝에 사진과 같이 이쑤시개를 대고 안쪽으로 구부려 모양을 잡는다.

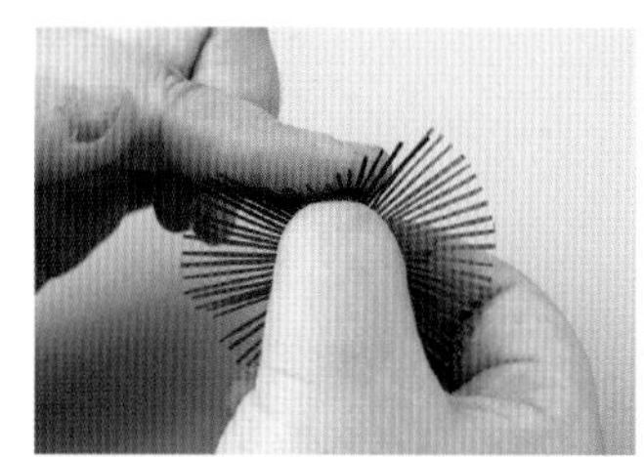

2 A의 칼집 부분을 손가락으로 눌러 들어올린다.

3 칼집 부분을 모두 들어 올린 모습.

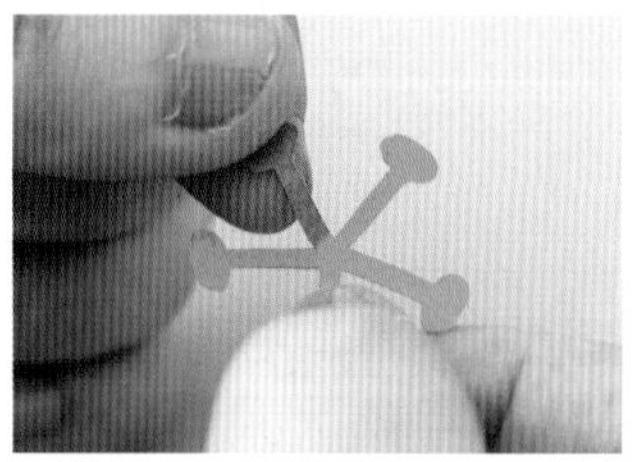

4 B의 끝을 안쪽으로 구부려 모양을 잡는다. 같은 방법으로 C의 끝도 안쪽으로 구부려 모양을 잡는다.

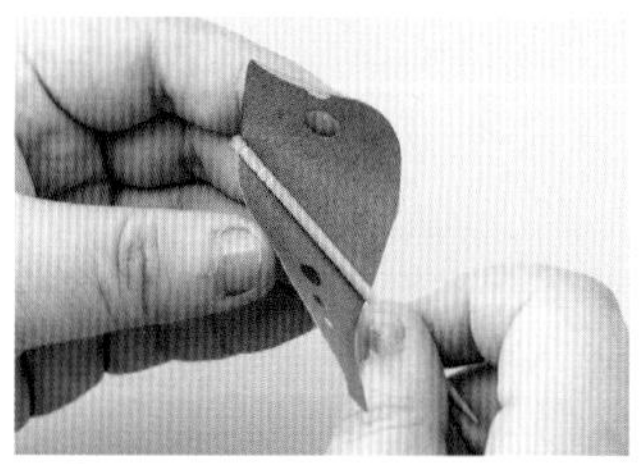

5 사진과 같이 잎에 이쑤시개를 비스듬하게 대서 컬을 내듯 모양을 잡는다.

6 모든 부품에 모양을 낸 모습.

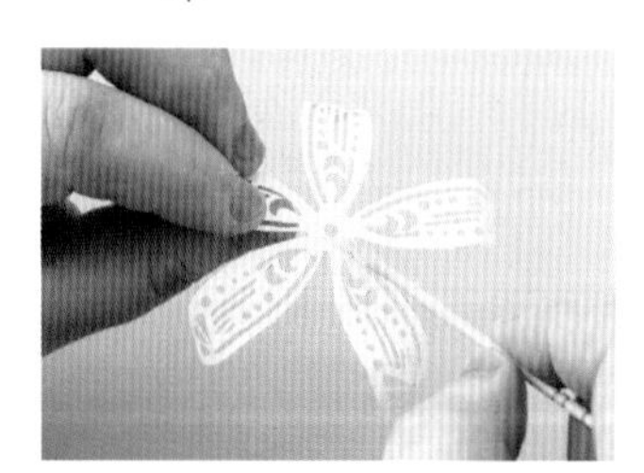

7 꽃잎의 뒷면 중심에 본드를 바른다.

8 나머지 1장의 꽃잎 위에 7의 꽃잎이 사진과 같이 엇갈리도록 배치하여 붙인다.

9 8의 중심에 본드를 바른다.

10 9에 3의 A를 붙인다.

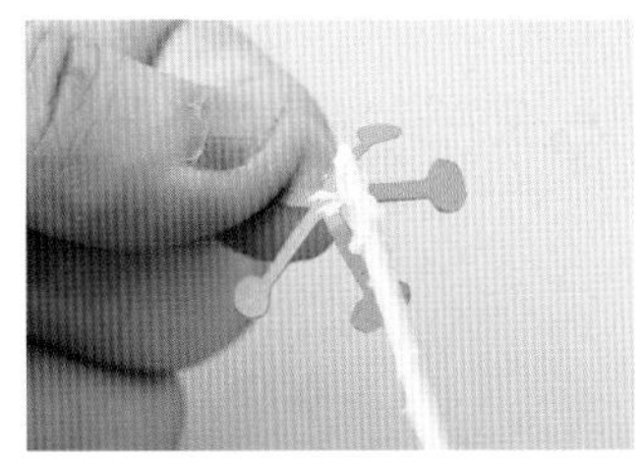

11 4의 B의 뒷면 중심에 본드를 바른다.

12 11을 10의 중심에 붙인다.

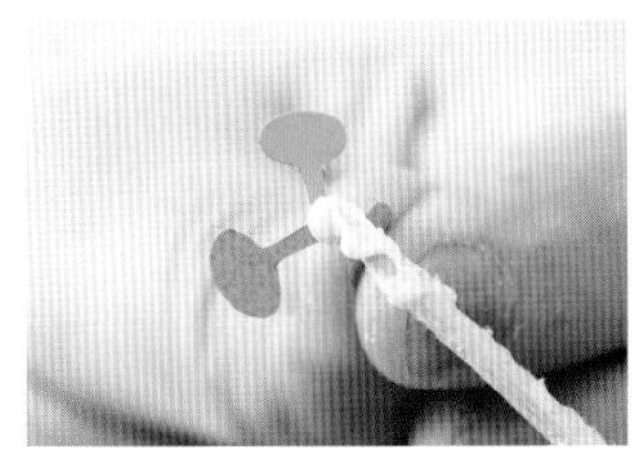

13 4의 C의 뒷면 중심에 본드를 바른다.

14 13을 12의 중심에 붙인다.

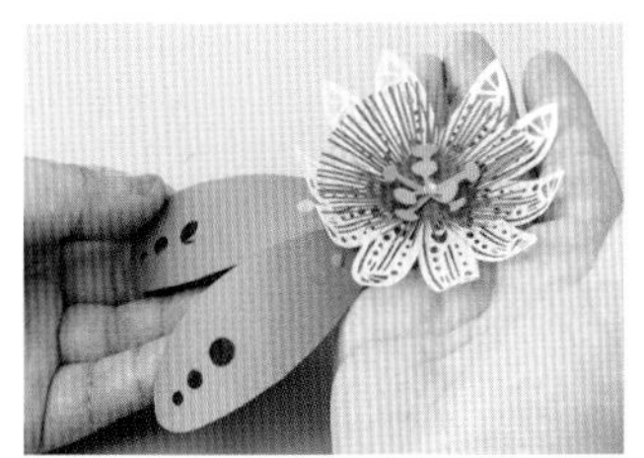

15 잎의 아랫부분에 본드를 바르고 꽃을 붙여 완성한다.

도안 속에 숨어 있는 모양

도안을 잘 보면 어디에선가 본 적이 있는 모양이 들어 있는 것도 있습니다. 작품과 비교해 주세요.

24 백합

완성사진 p.46 | 도안 p.133

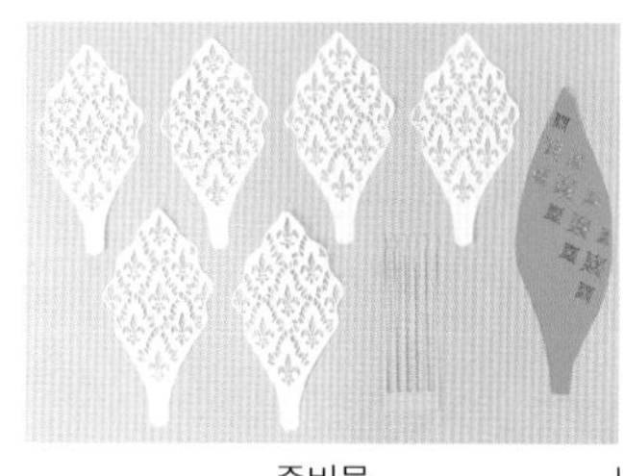

준비물

1 꽃심을 핀셋으로 집어 감는다.

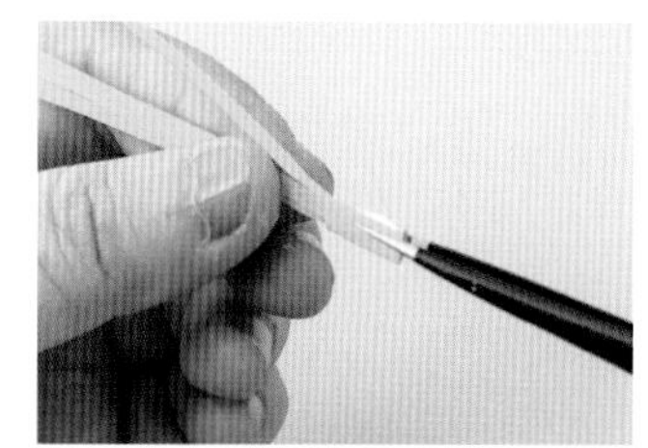

2 다 감은 다음 끝부분에 본드를 발라 고정한다.

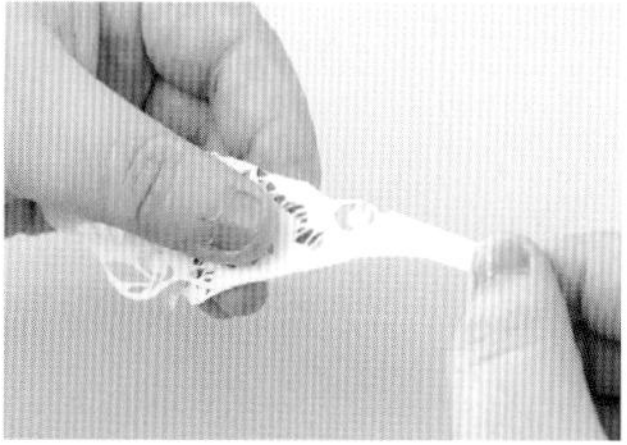

3 꽃잎의 아랫부분을 바깥쪽으로 접어 접기선을 만든다. 총 3개 만든다.

4 나머지 꽃잎 3장의 아랫부분은 안쪽으로 접어 접기선을 만든다.

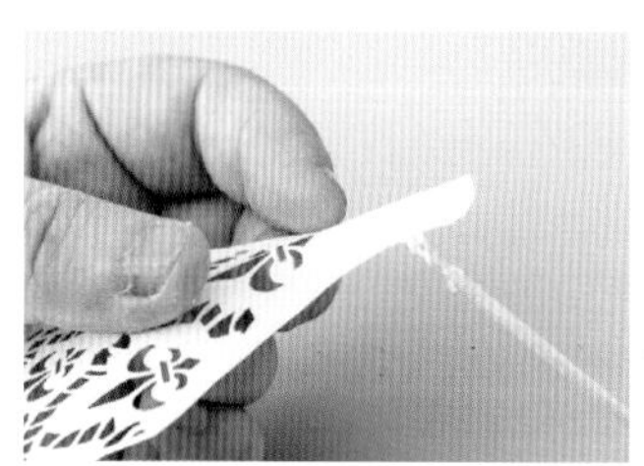

5 3의 꽃잎 아랫부분 1/4 정도에 본드를 바른다.

6 3의 2장째 꽃잎을 붙인다.

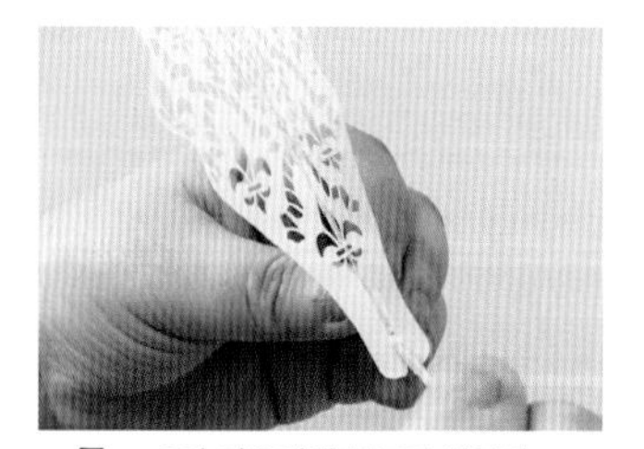

7 6의 이음매에 본드를 바른다.

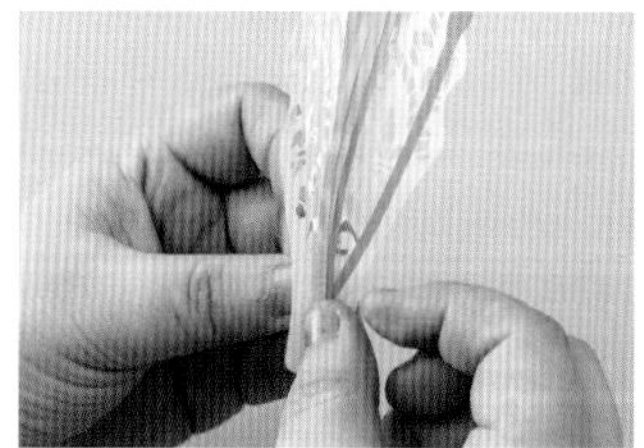

8 2의 꽃심을 붙인다.

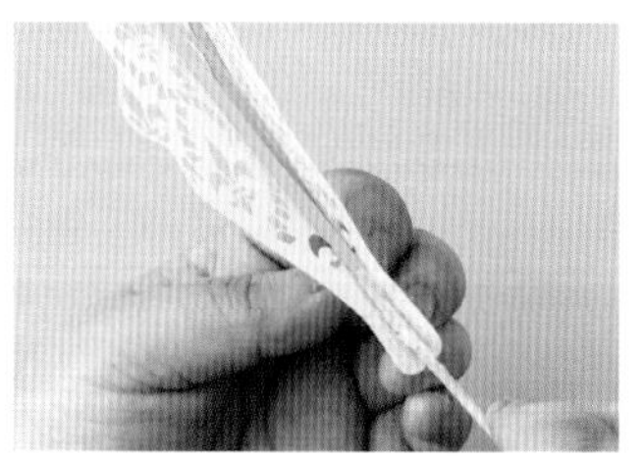

9 8의 아랫부분에 본드를 바른다.

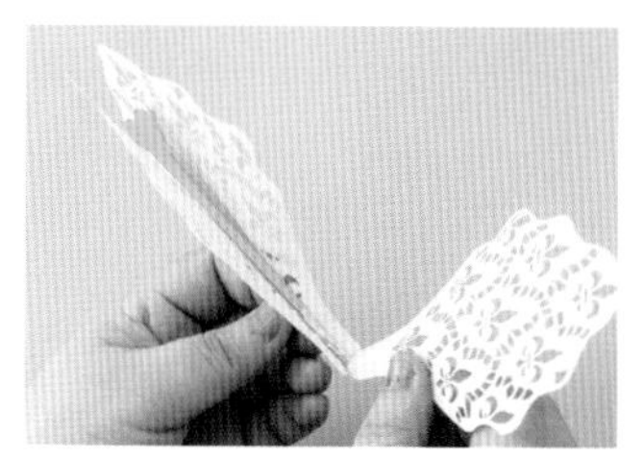

10 3의 3장째 꽃잎을 붙인다.

11 3장의 꽃잎을 붙인 모습.

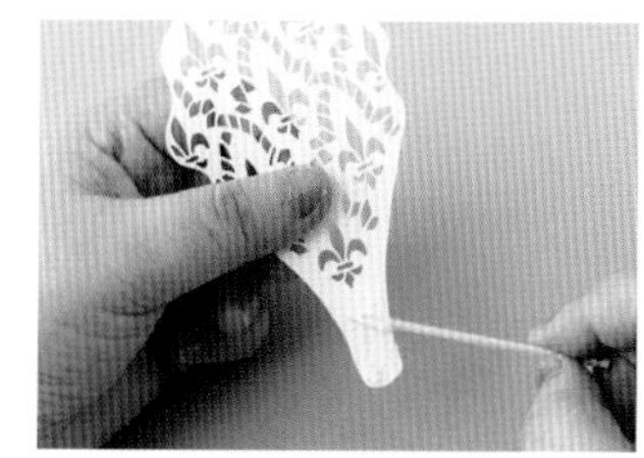

12 4의 꽃잎 아랫부분에 본드를 바른다.

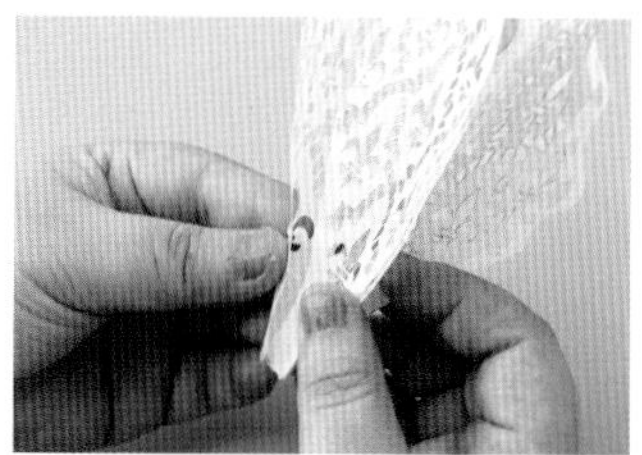

13 2장의 꽃잎을 끼우는 것처럼 위에서 씌워 붙인다.

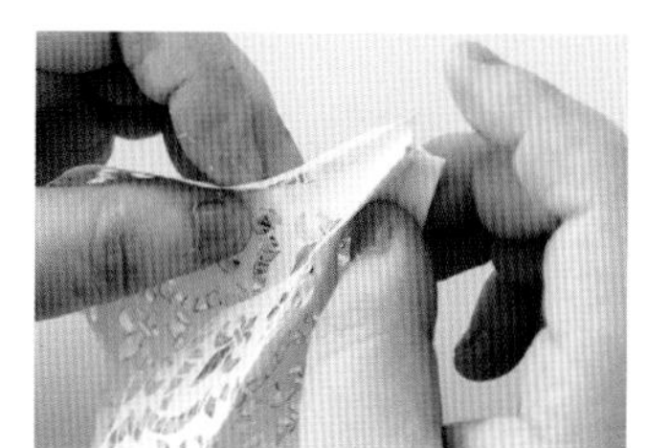

14 12~13과 같은 방법으로 4의 2장째와 3장째 꽃잎을 붙인다.

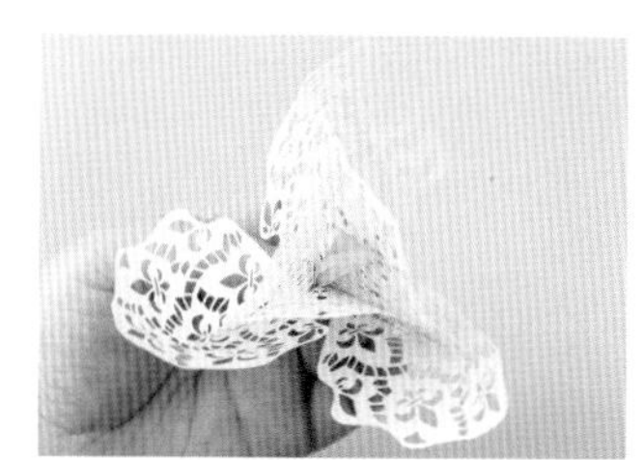

15 총 6장의 꽃잎을 붙인 모습.

16 꽃잎 끝을 바깥쪽으로 구부려 모양을 잡는다.

17 꽃심은 손으로 집거나 비트는 등 자유롭게 모양을 잡는다.

18 잎의 아랫부분에 본드를 바른다.

19 꽃의 둘레를 따라 붙이고 잎의 끝부분을 바깥쪽으로 구부려 모양 잡아 완성한다.

23 카네이션

완성사진 p.44 | 도안 p.132

준비물

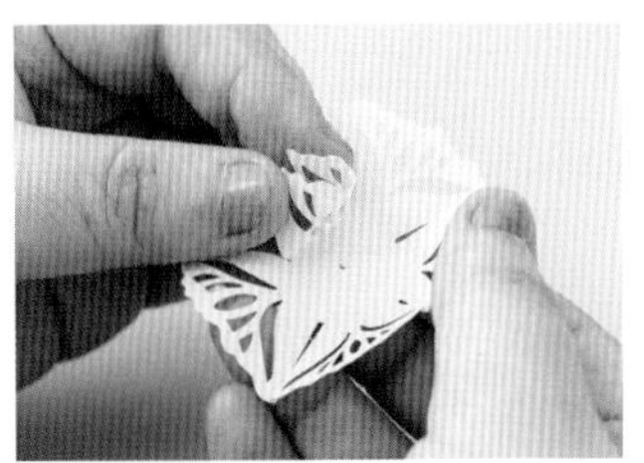

1 꽃잎 A를 자유롭게 모양을 잡는다.

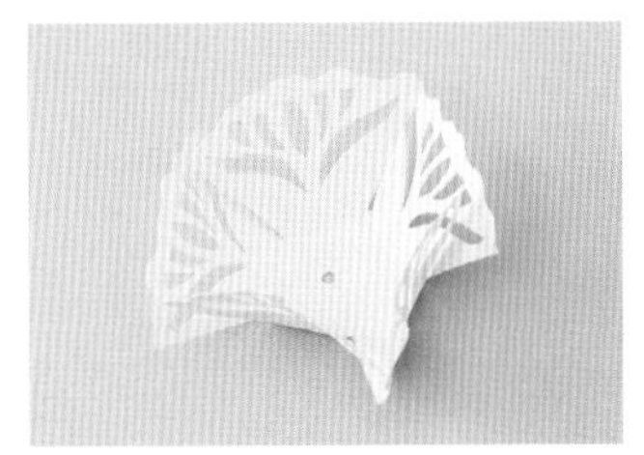

2 모양을 낸 꽃잎 A.

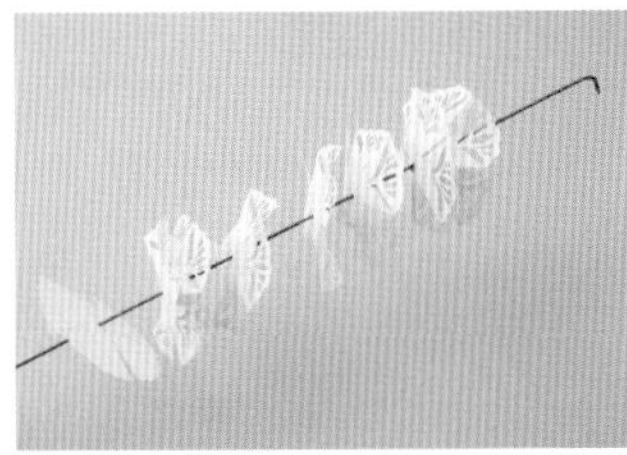

3 두꺼운 와이어에 꽃잎 B, 모양을 낸 꽃잎 A 7장을 순서대로 통과시키고, 와이어 끝부분을 접어 구부린다.

4 꽃잎 B의 중심 부분에 본드를 바른다.

5 꽃잎 B의 위에 있는 꽃잎 A와 겹쳐 맞붙인다. 4~5와 같은 방법으로 모든 꽃잎을 맞붙인다.

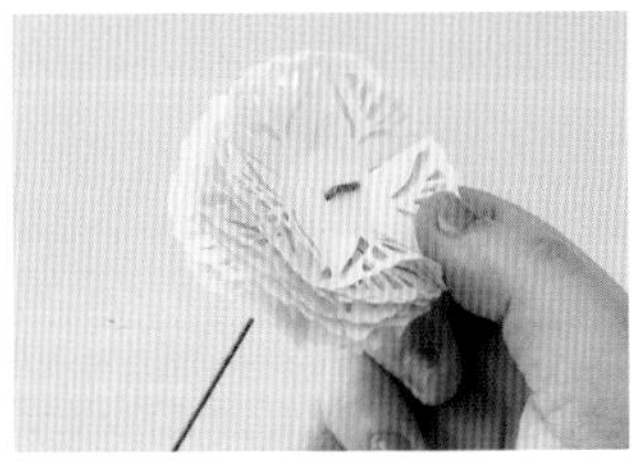

6 모든 꽃잎을 와이어 끝부분까지 밀어 올리고 와이어 끝 부분에 본드를 발라 고정시킨다.

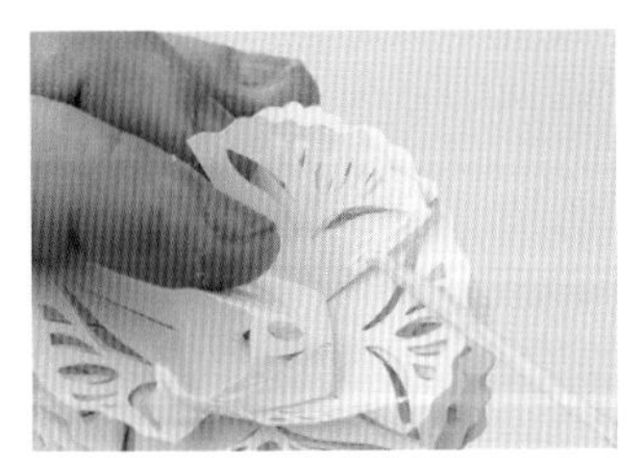

7 가장 위에 있는 꽃잎의 파인 부분에 본드를 바른다.

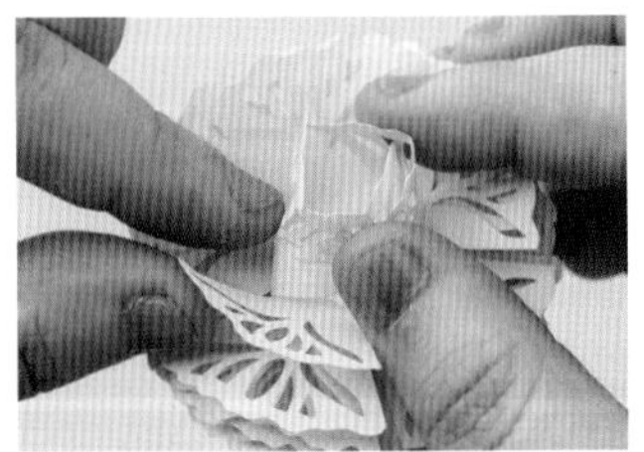

8 꽃잎을 올려 잘린 부분을 맞붙인다.

9 위의 2장째부터 6장째까지의 꽃잎은 안쪽으로 구부려 모양을 잡고, 아래 2장의 꽃잎은 바깥쪽으로 구부려서 완성한다.

25 코스모스

완성사진 p.48 | 도안 p.133

준비물

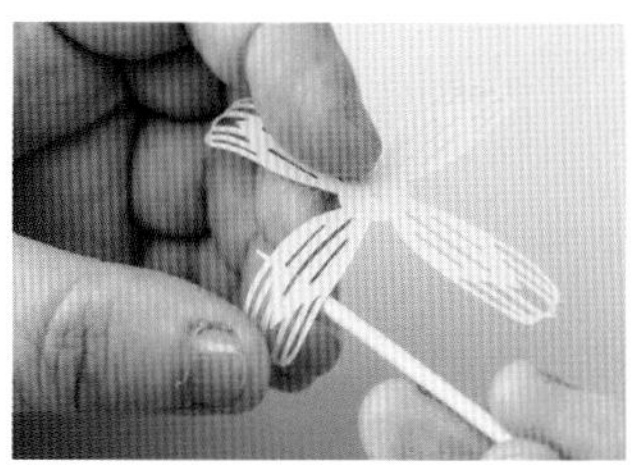

1 사진과 같이 꽃잎 끝에 이쑤시개를 대서 바깥쪽으로 구부려 모양을 잡는다.

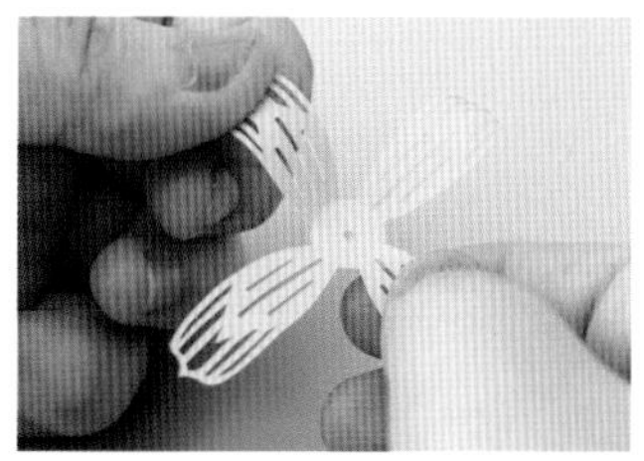

2 꽃잎의 가장자리 부분은 살짝 들어 올려 모양을 잡는다.

3 꽃잎 중심에 두꺼운 와이어를 통과시키고 끝부분을 접어 구부린다.

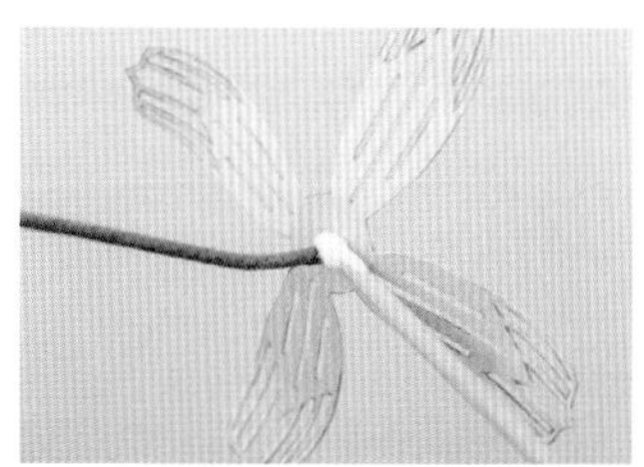

4 꽃의 뒷면 중심에 본드를 발라 와이어를 고정시킨다.

5 와이어 끝 부분에 본드를 바른다.

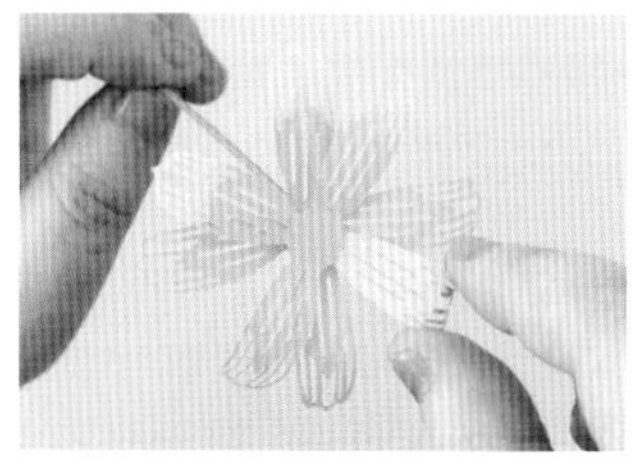

6 5의 위에 나머지 1장의 꽃잎이 사진과 같이 엇갈리도록 배치하여 붙인다.

7 6의 중심에 본드를 바른다.

8 꽃심을 붙여 완성한다.

26 도라지꽃

완성사진 | 도안
p.50 | p.134

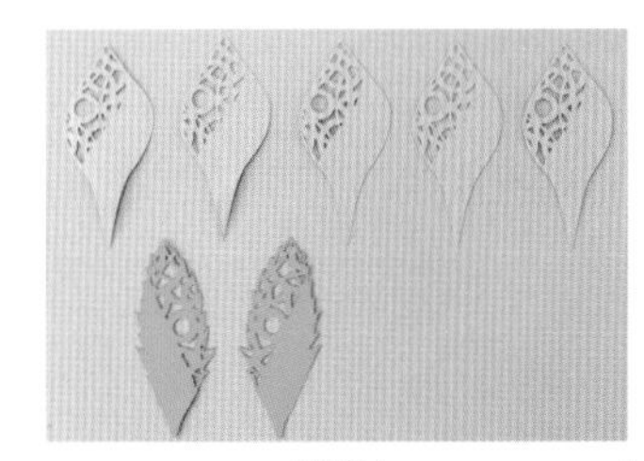

준비물

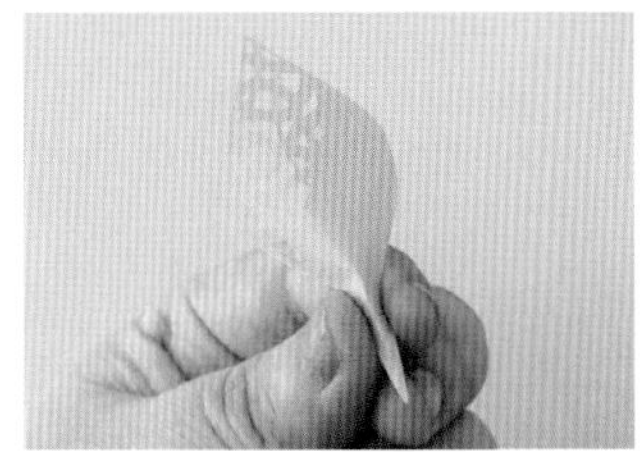

1 꽃잎의 아랫부분을 바깥쪽으로 접어 접기선을 만든다. 총 5장의 꽃잎에 접기선을 만든다.

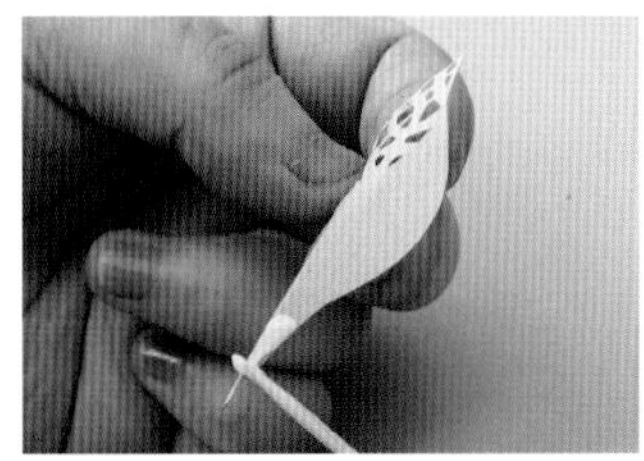

2 접은 아랫부분의 한쪽에 본드를 바른다.

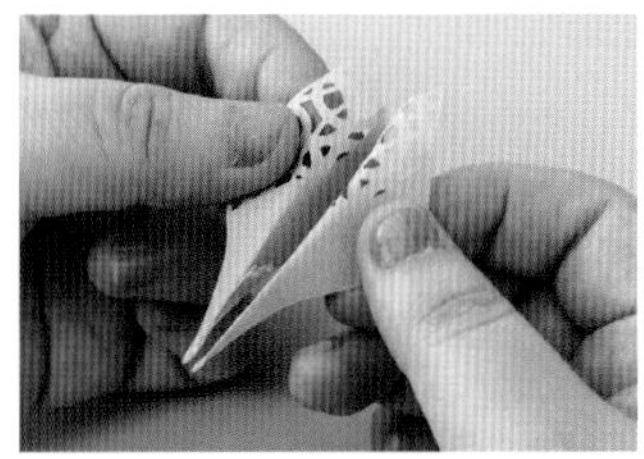

3 2장째의 꽃잎을 붙인다.

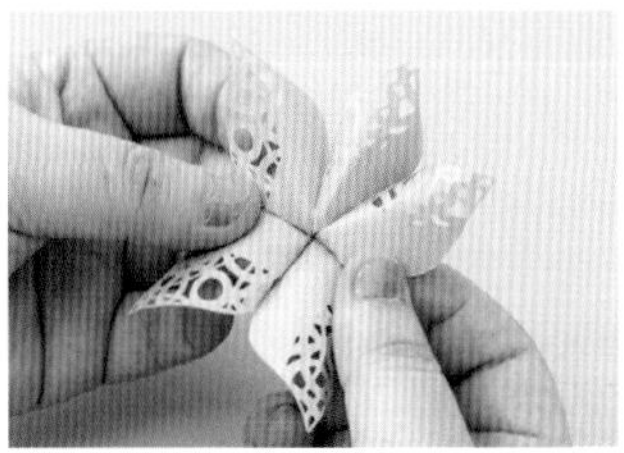

4 2~3과 같은 방법으로 총 5장의 꽃잎을 붙인다.

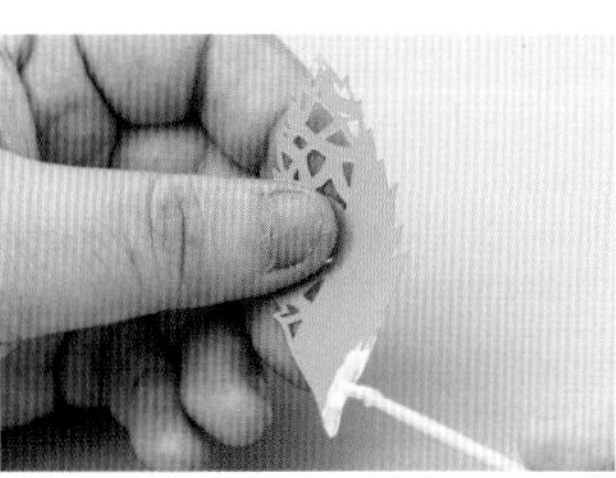

5 꽃의 아랫부분 한쪽에 본드를 바른다.

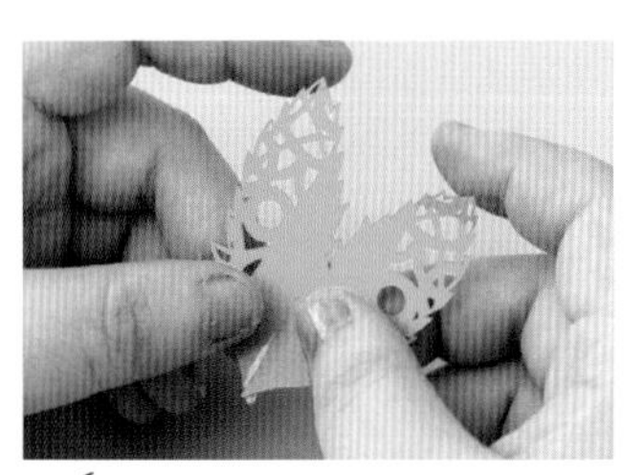

6 2장째의 잎을 살짝 겹쳐 붙인다.

7 6의 잎을 꽃에 붙여 완성한다.

27 꽃무릇

완성사진 p.52 도안 p.134-135

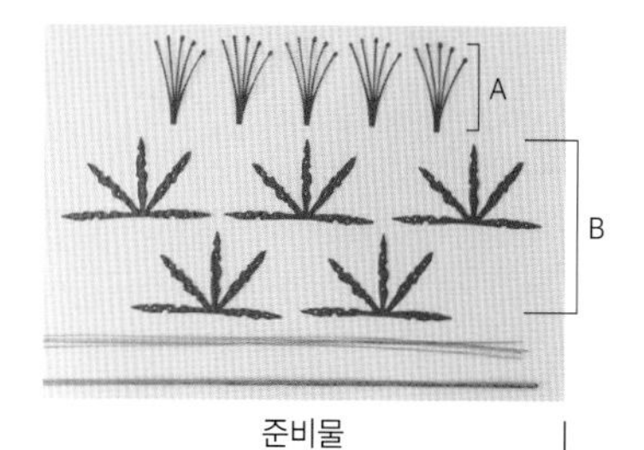

준비물

1 꽃잎 A의 아랫부분에 본드를 바르고 가는 와이어를 끼워서 붙여 고정시킨다.

2 꽃잎 B를 사진과 같이 반으로 접는다.

3 2를 펼치고 아랫부분에 본드를 바른다.

4 사진과 같이 1을 올려 붙인다.

5 2와 같이 다시 반으로 접고 아랫부분을 고정시킨다.

6 꽃잎을 펼친다.

7 꽃잎의 끝을 바깥쪽으로 구부려 모양을 잡는다. 1~7과 같은 방법으로 하나 더 만든다.

8 꽃 2송이의 와이어를 서로 감아 1송이로 만든다.

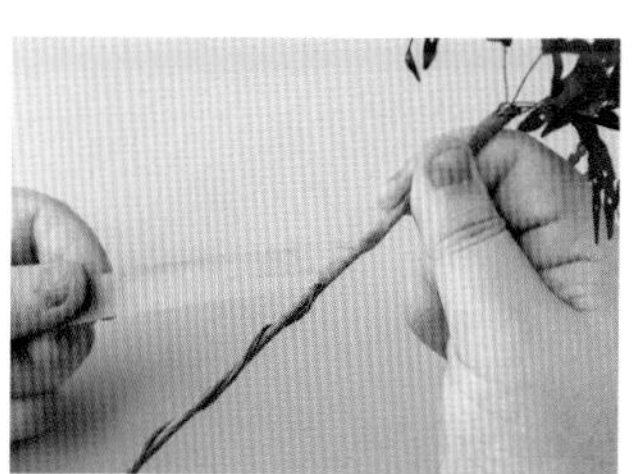

9 와이어에 꽃테이프를 당기면서 감아 붙여 완성한다.

28 버섯

완성사진 p.54 | 도안 p.136

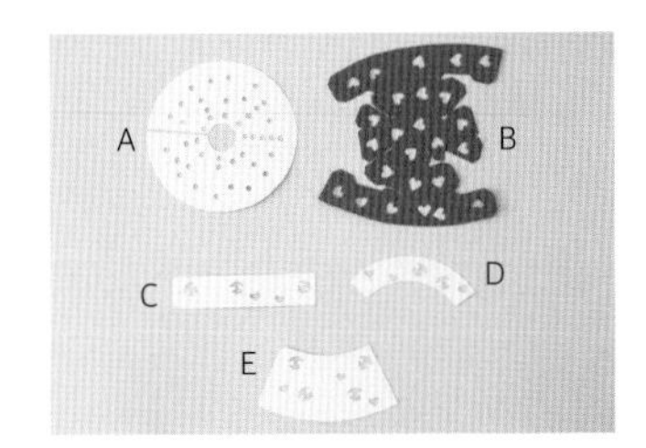

준비물

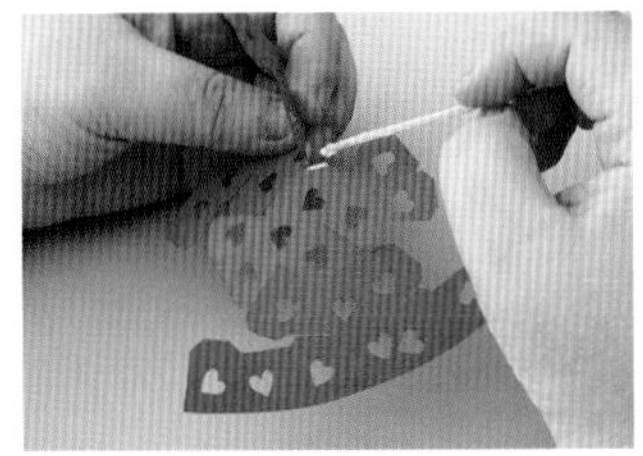

1 P.105의 그림을 참조하여 B를 점선의 풀칠하는 부분의 번호순으로 본드를 바르고 반구 모양이 되도록 붙여 간다.

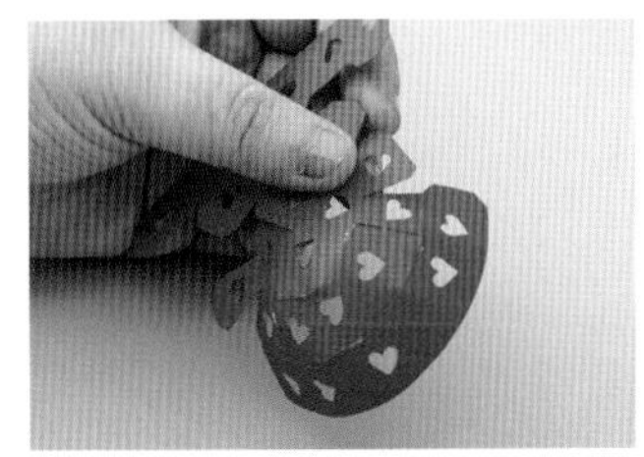

2 붙이고 있는 모습. 둥근 모양이 되도록 붙인다.

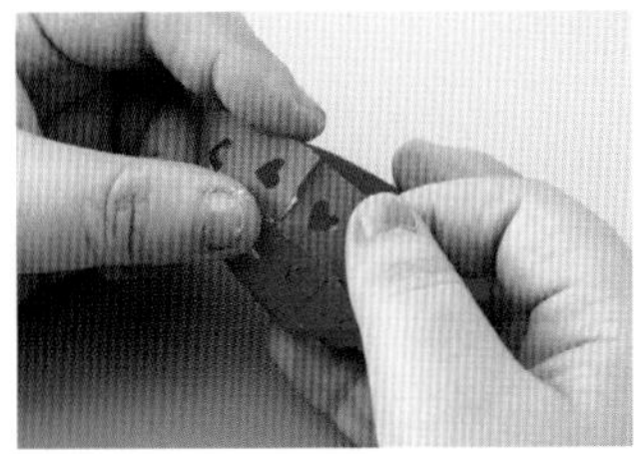

3 버섯의 갓 부분 완성.

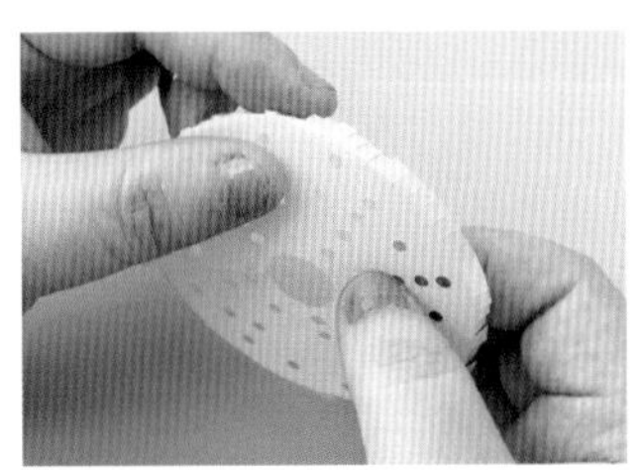

4 A의 칼집 부분을 손가락으로 눌러 일으켜 세운다.

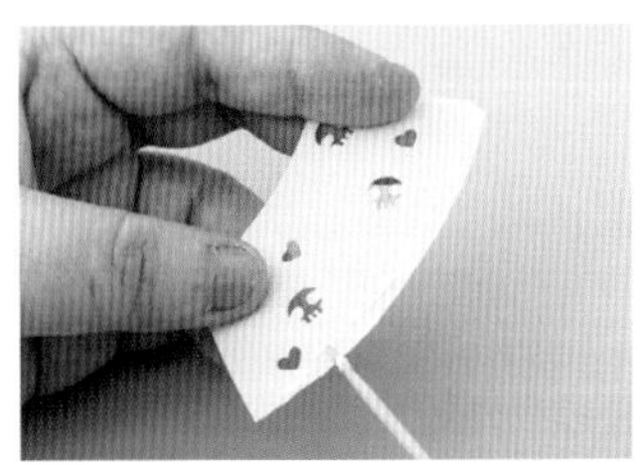

5 E의 긴 변 끝에 본드를 바른다.

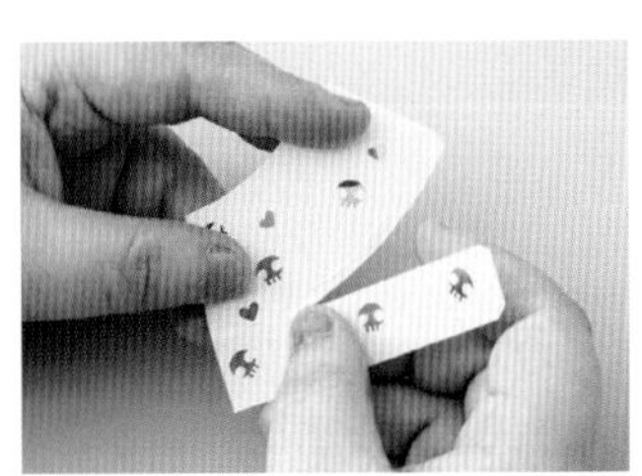

6 C와 겹쳐 붙인다.

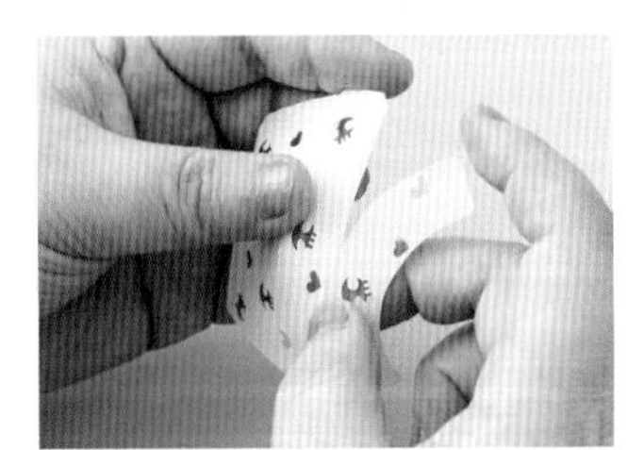

7 6의 긴 변의 끝에 본드를 바르고, D를 둥근 모양으로 만들면서 겹쳐 붙인다.

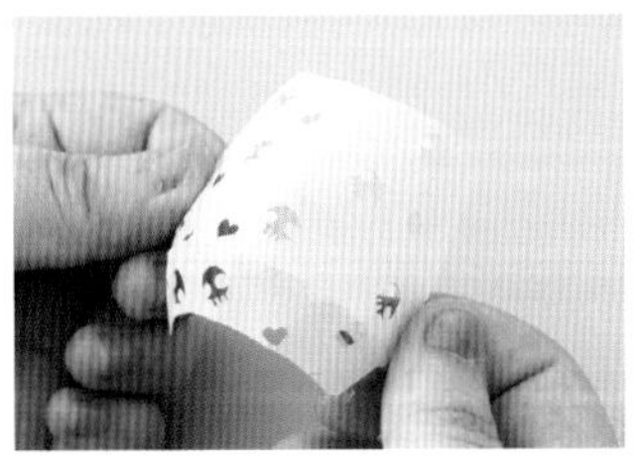

8 겹쳐 붙인 모습.

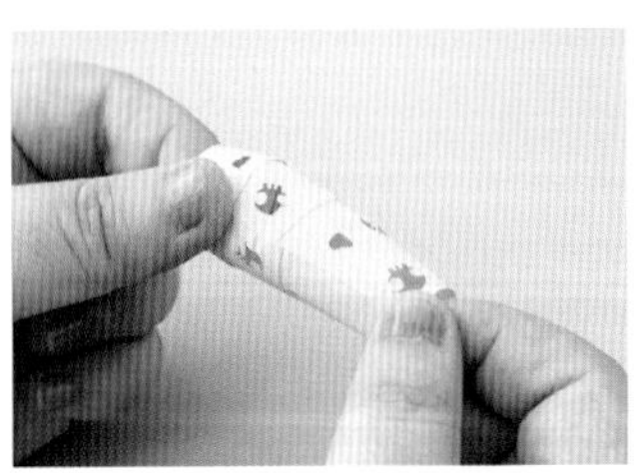

9 사진과 같이 8을 둥글리고 끝에 본드를 발라 겹쳐 붙인다.

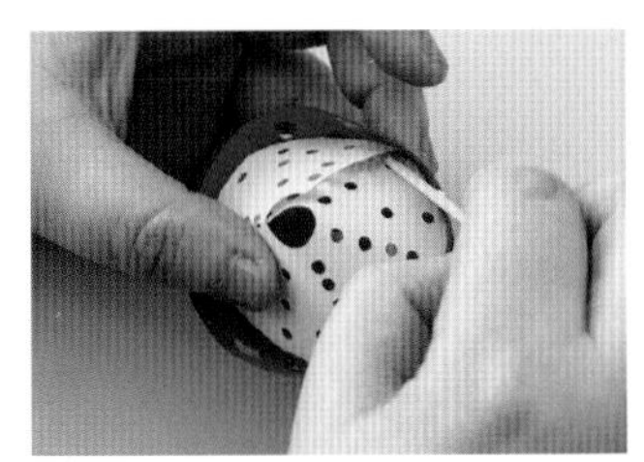

10 4의 A를 3의 갓 아래에 둥글려 대면서 크기를 적당히 조정한 다음 이음매에 본드를 발라 겹쳐 붙인다.

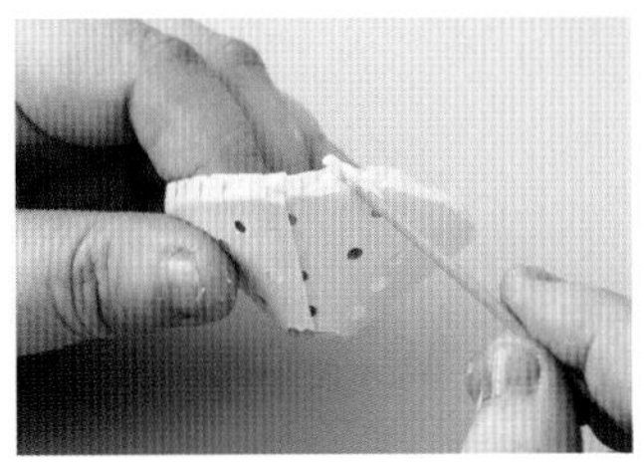

11 칼집 부분에 본드를 바른다.

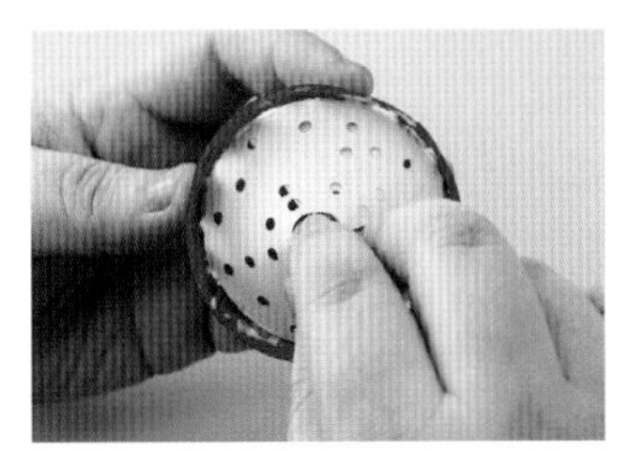

12 11을 갓 아래에 붙인다.

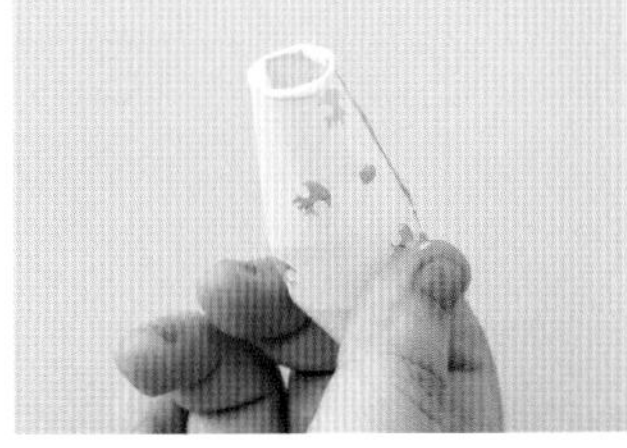

13 9의 입구에 본드를 바른다.

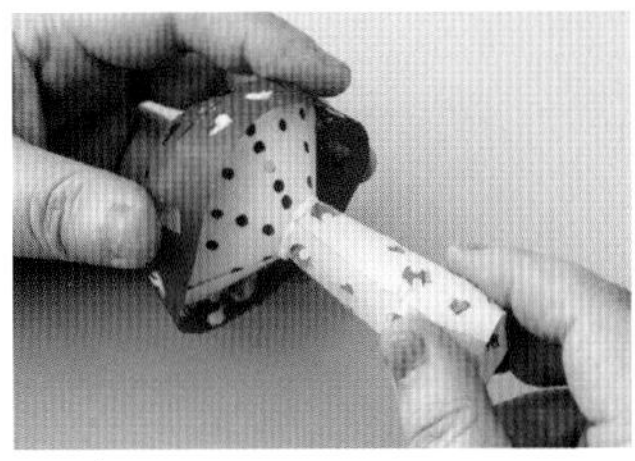

14 12와 겹쳐 붙인다.

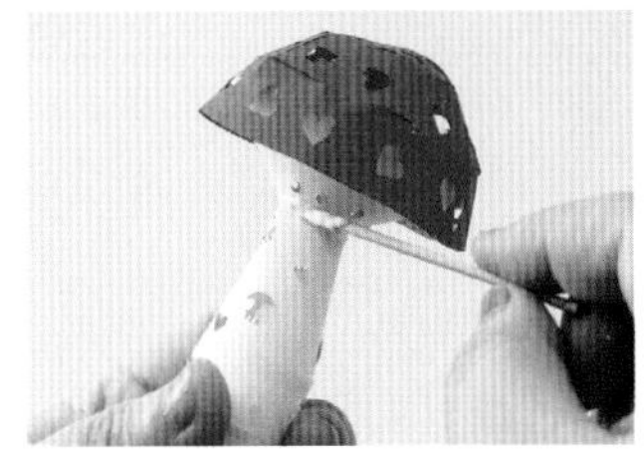

15 이음매에 본드를 발라 고정하여 완성한다.

B 붙이는 순서

번호 순서대로, 선으로 연결되어 있는 곳끼리 겹쳐 붙인다. 풀칠은 겹치는 면의 아래에 한다.

※ 번호 순서는 참고용이므로 자신이 붙이기 쉬운 순으로 붙여도 괜찮습니다.

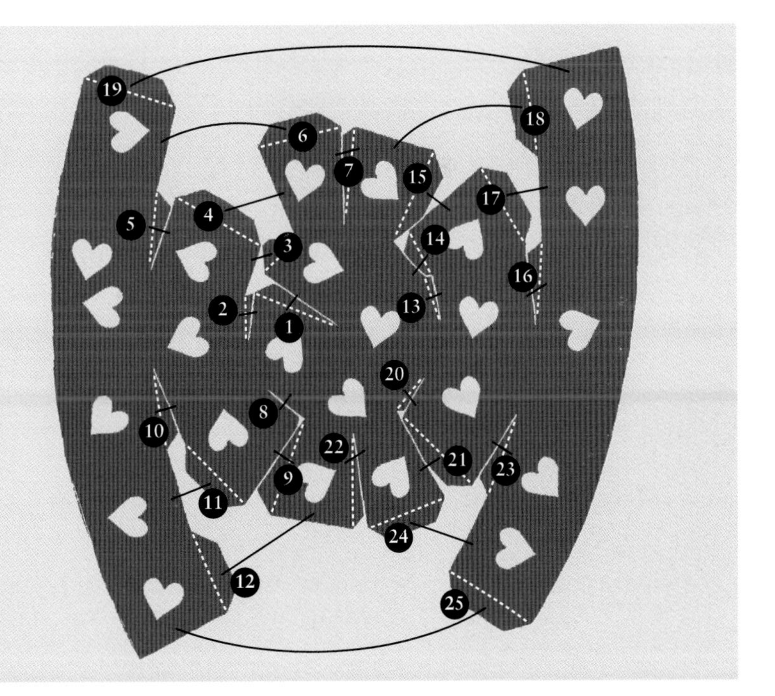

29 용담

완성사진 p.56　도안 p.139

준비물

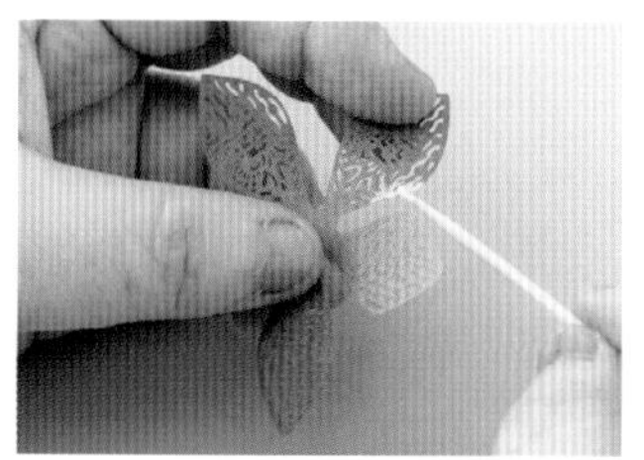

1 꽃잎의 중앙에서 아래쪽에 사진을 참고하여 1cm 정도 본드를 바른다.

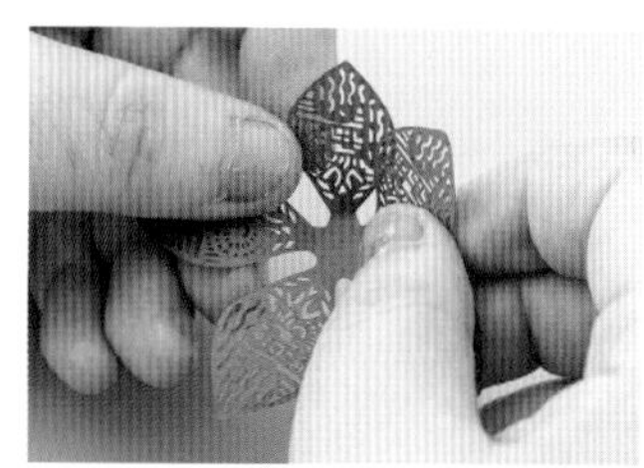

2 꽃잎의 끝부분을 들어 올리면서 옆의 꽃잎을 약간 겹쳐서 붙인다. 같은 방법으로 총 5장의 꽃잎을 겹쳐 붙인다.

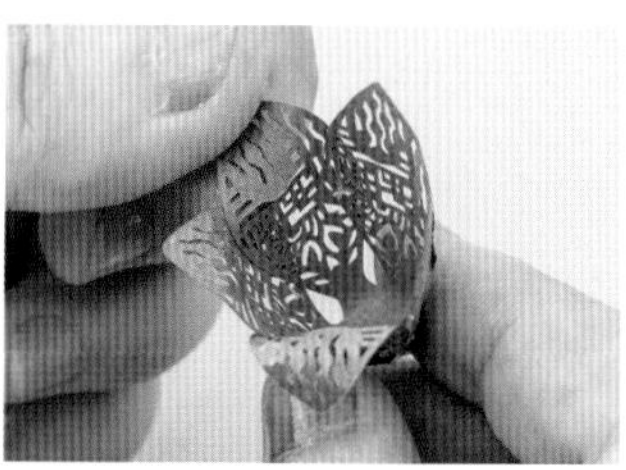

3 꽃잎의 끝을 바깥쪽으로 구부려 모양을 잡는다. 1~3과 같은 방법으로 총 3개의 꽃을 만든다.

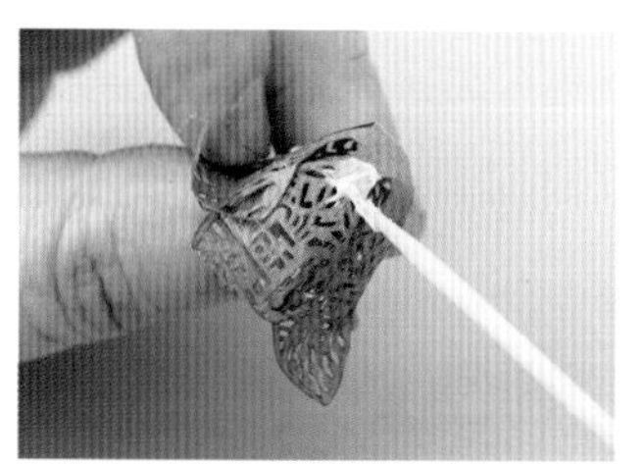

4 3의 꽃 아랫부분에 본드를 바른다.

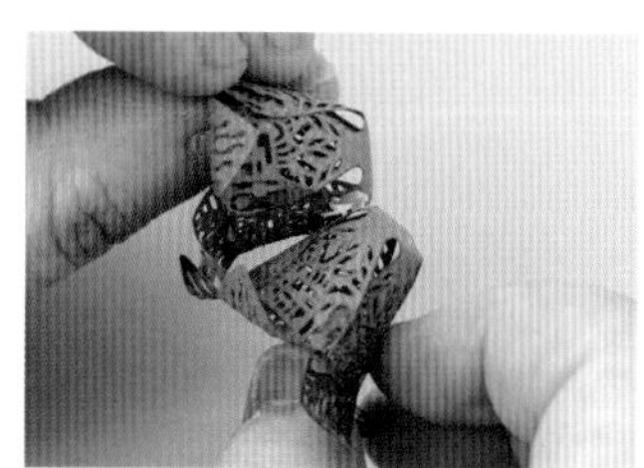

5 2개째의 꽃과 겹쳐 붙인다. 같은 방법으로 3개째의 꽃도 겹쳐 붙인다.

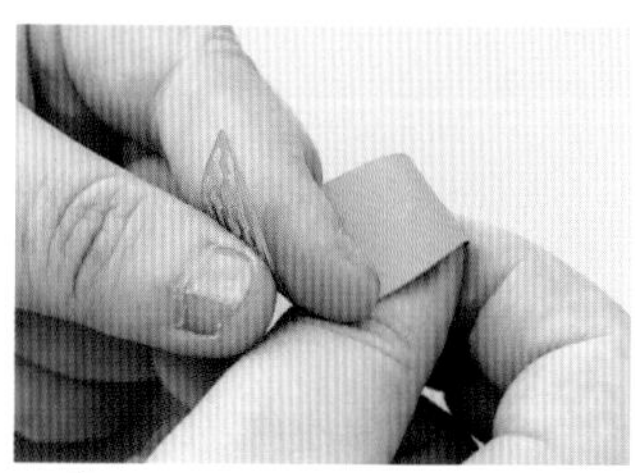

6 사진과 같이 잎의 밑부분을 약간 들어 올리듯 모양을 잡고, 끝부분은 바깥쪽으로 구부려 모양을 잡는다.

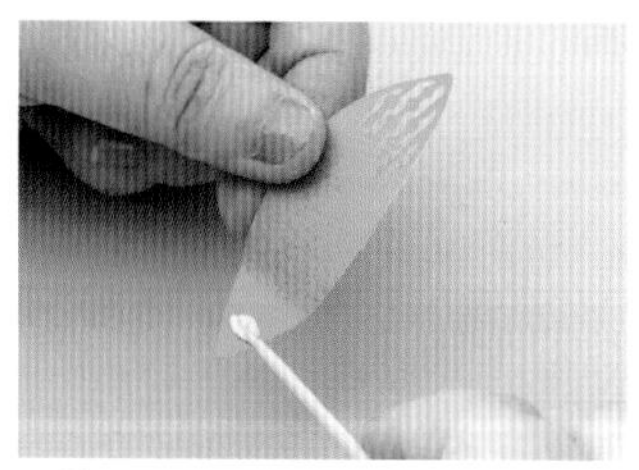

7 잎의 아랫부분에 본드를 바른다.

8 7의 잎과 마주 보도록 2장째 잎을 붙이고 같은 방법으로 3장째와 4장째, 5장째와 6장째 잎을 방사 모양으로 붙인다.

9 5의 꽃 바닥 중심에 본드를 바르고 8의 잎 중심에 붙여 완성한다.

30 포인세티아

완성사진 p.58 도안 p.138-139

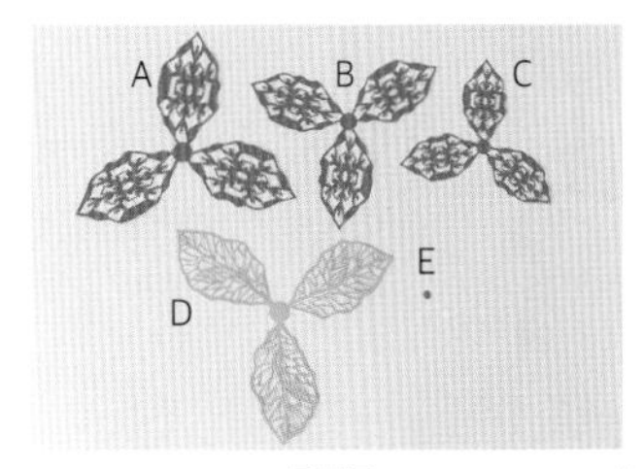

준비물

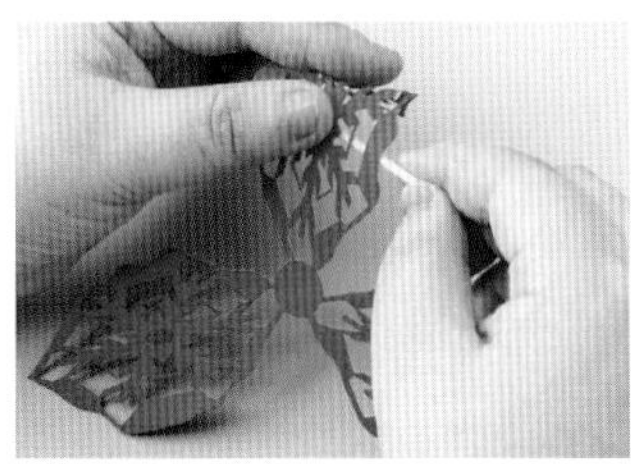

1 사진과 같이 꽃잎 A의 끝에 이쑤시개를 대서 바깥쪽으로 구부려 모양을 잡는다.

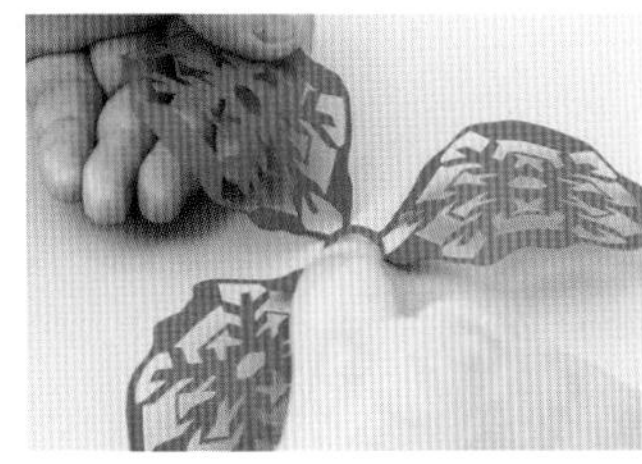

2 꽃잎 부분을 살짝 들어 올리듯 구부려 모양을 잡는다.

3 꽃잎 B와 C, 잎 D도 1~2와 같은 방법으로 모양을 잡는다.

4 꽃잎 B의 뒷면 중심에 본드를 바른다.

5 꽃잎 A의 위에 4의 꽃잎 B가 엇갈리도록 사진과 같이 배치하여 붙인다.

6 꽃잎 C의 뒷면 중심에 본드를 바른다.

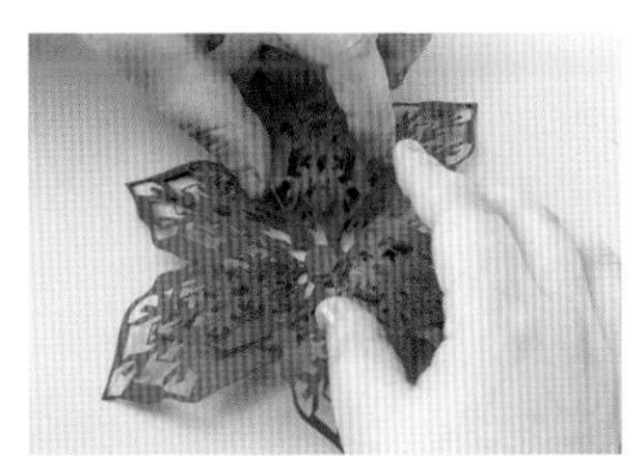

7 5의 위에 6의 꽃잎 C를 약간 비켜 붙인다.

8 7의 뒷면 중심에 본드를 바르고 잎 D의 중심에 붙인다.

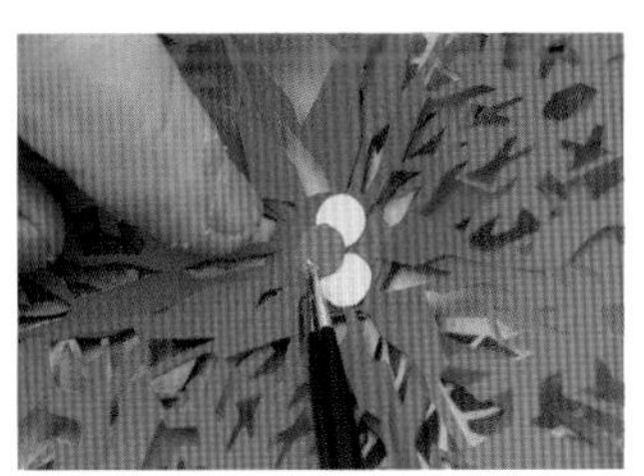

9 8의 중심에 E 3장을 살짝 비켜 붙여 완성한다.

31 겨울모란

완성사진 p.59 도안 p.137

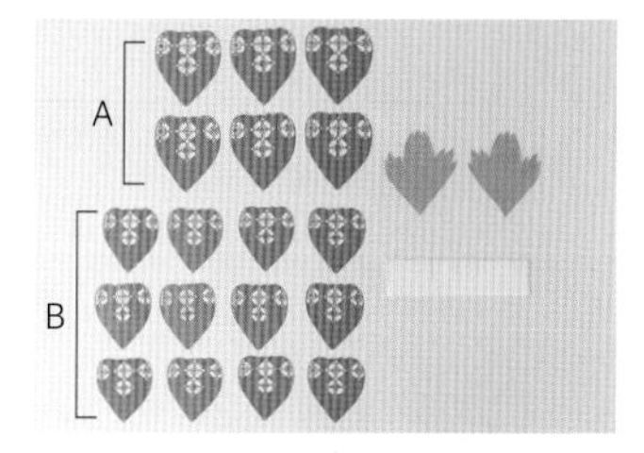

준비물

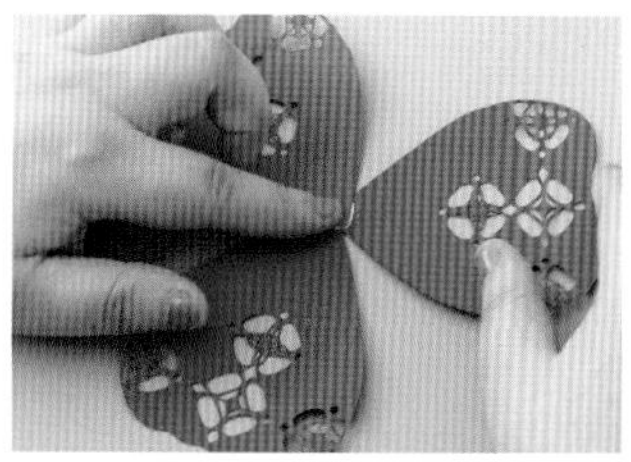

1 꽃잎 B의 아랫부분에 본드를 바르고 사진과 같이 3장을 겹쳐 붙인다.

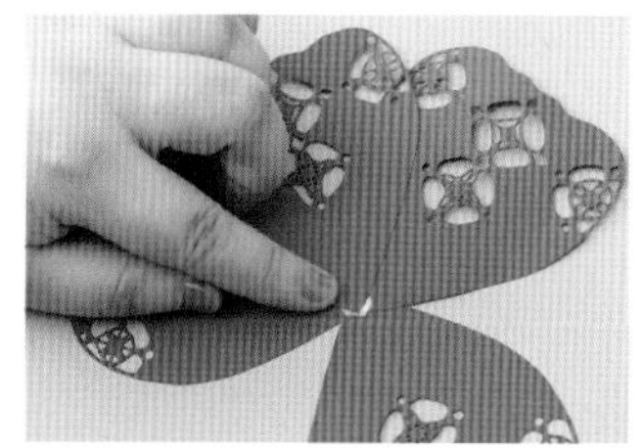

2 꽃잎과 꽃잎 사이에 꽃잎 B를 1장씩 붙인다.

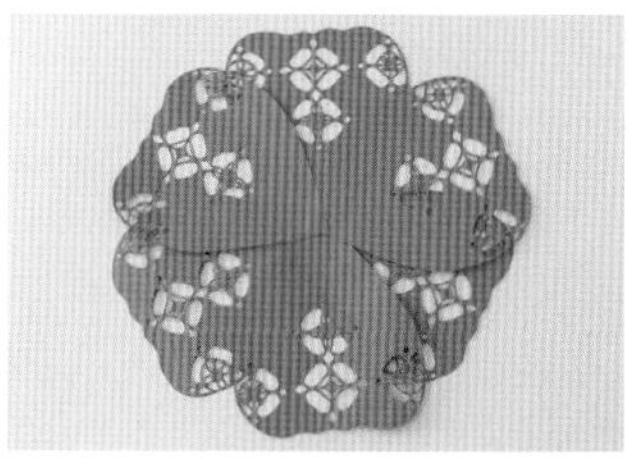

3 꽃잎 B를 총 6장 붙인 모습.

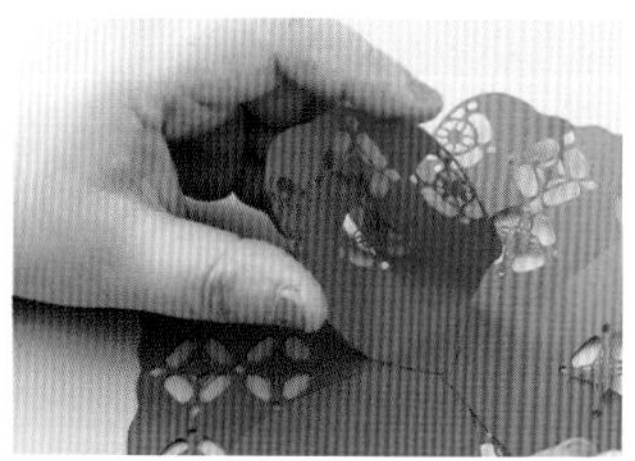

4 꽃잎 1장을 손가락으로 집어 세워 모양을 잡는다.

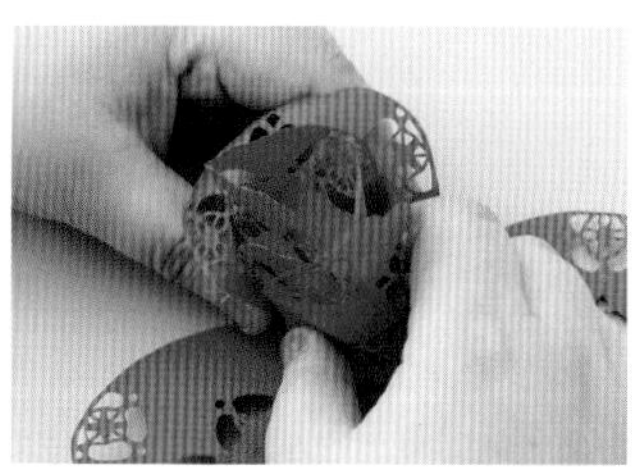

5 반대쪽 꽃잎도 4와 같은 방법으로 모양을 잡는다. 나머지 꽃잎 4장도 같은 방법으로 모양을 잡는다.

6 6장의 꽃잎을 모양 낸 모습. 이 둘레를 따라 꽃잎 B를 총 6장 붙인다.

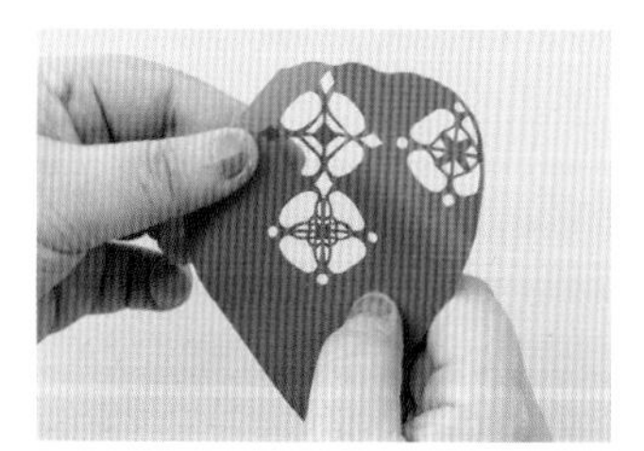

7 꽃잎 A의 양끝을 바깥쪽으로 구부려 모양을 잡는다.

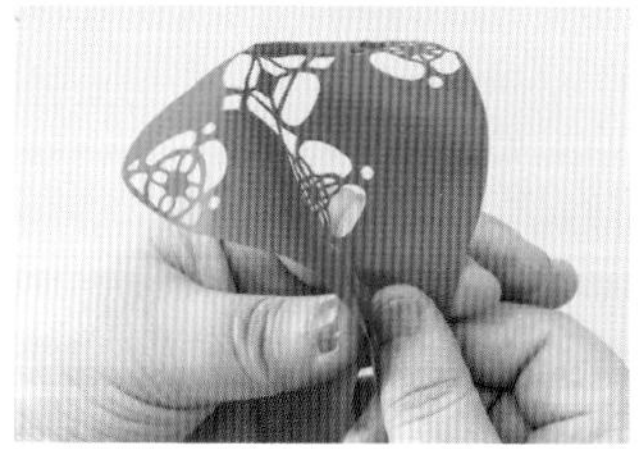

8 사진과 같이 아랫부분을 잡고 그 양끝을 눌러서 모양을 잡는다.

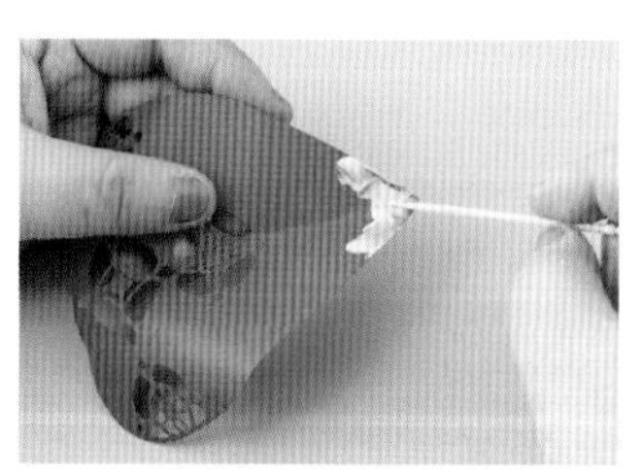

9 아랫부분에 본드를 바른다.

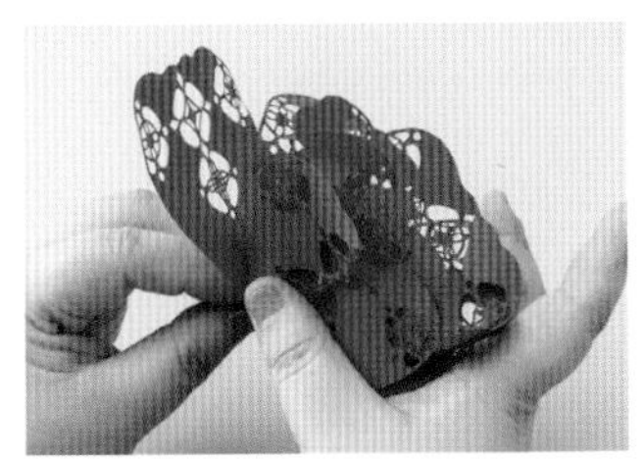

10 6의 둘레를 따라 9를 붙인다.

11 10과 같은 방법으로 3장의 꽃잎 A를 붙인다.

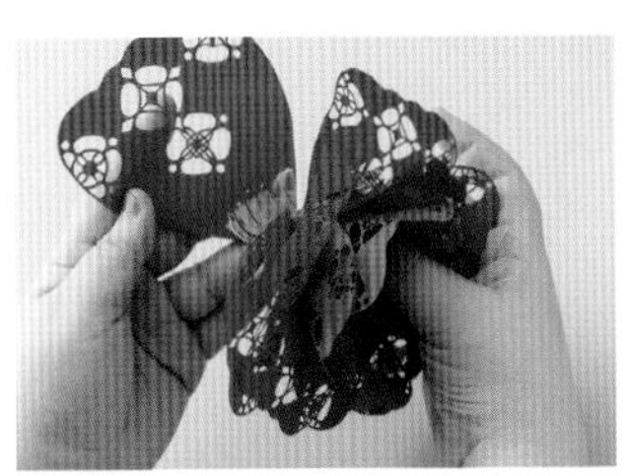

12 11의 둘레를 따라 나머지 3장의 꽃잎 A를 붙인다.

13 꽃잎의 끝을 바깥쪽으로 구부려 모양을 잡고 전체적으로 정돈한다.

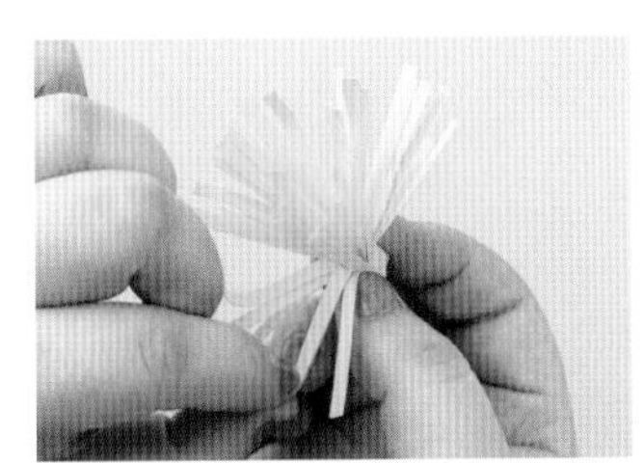

14 꽃심 만드는 방법(P.68)을 참조하여 꽃심을 만들고 칼집 부분을 펼친다.

15 중심의 구멍이 보이지 않도록 칼집 낸 것 중 하나를 반대쪽으로 넘겨 구멍을 막는다.

16 꽃심의 끝을 안쪽으로 구부려 모양을 잡는다.

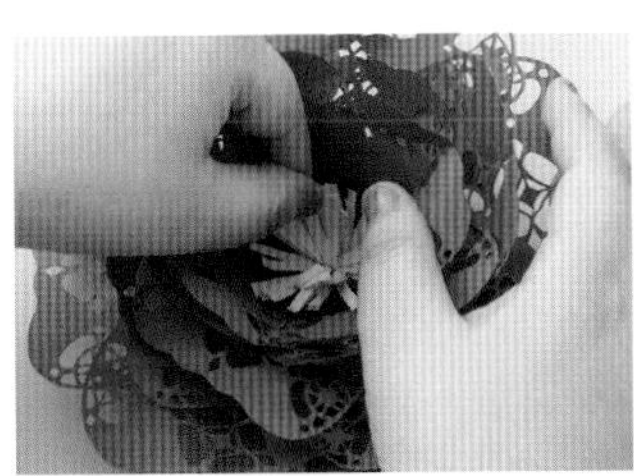

17 13의 꽃 중심에 16의 꽃심을 붙인다.

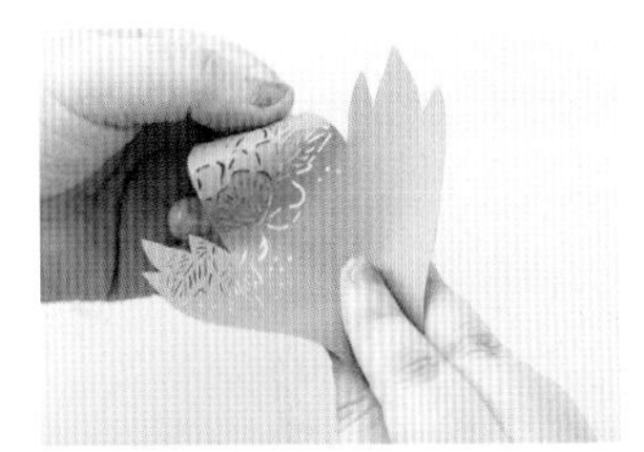

18 잎의 끝을 바깥쪽으로 구부려 모양을 잡는다.

19 18의 잎을 꽃에 붙여 완성한다.

32 동백꽃

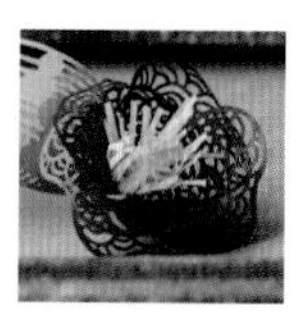

완성사진 p.60 | 도안 p.140

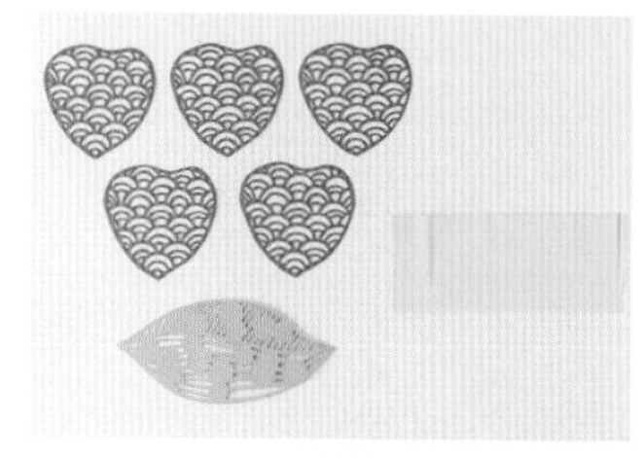

준비물

1 꽃잎 양끝을 안쪽으로 눌러 둥글어지도록 모양을 잡는다.

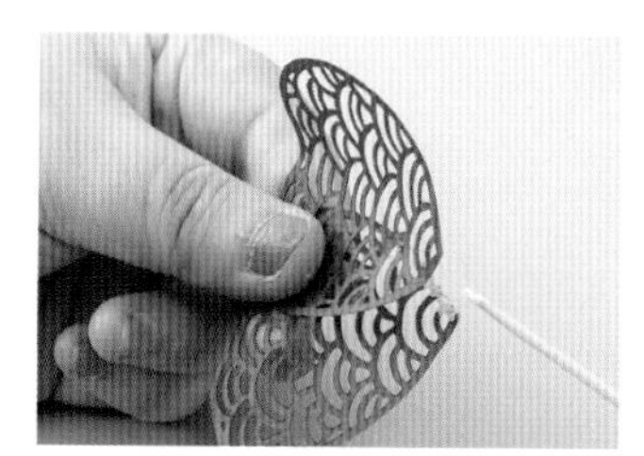

2 꽃잎 아랫부분의 한쪽에 본드를 바르고 2장째의 꽃잎을 붙인다.

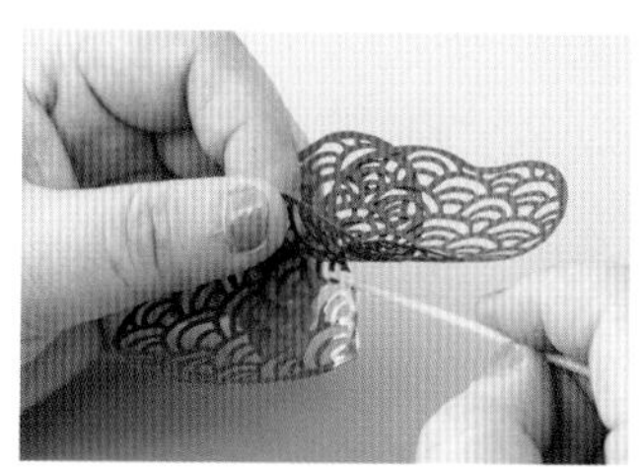

3 3장째의 꽃잎 밑부분 한쪽에 본드를 바르고 2의 반대쪽에 붙인다.

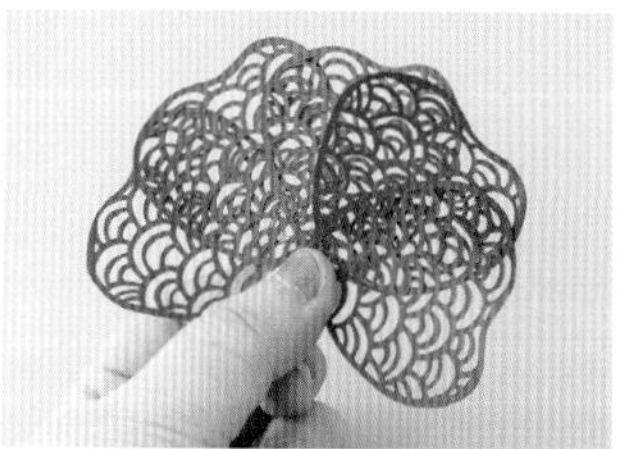

4 1~3과 같은 방법으로 4장째와 5장째 꽃잎을 붙인다.

5 4를 원뿔 모양이 되도록 둥글리고 더블클립으로 집어 고정한다.

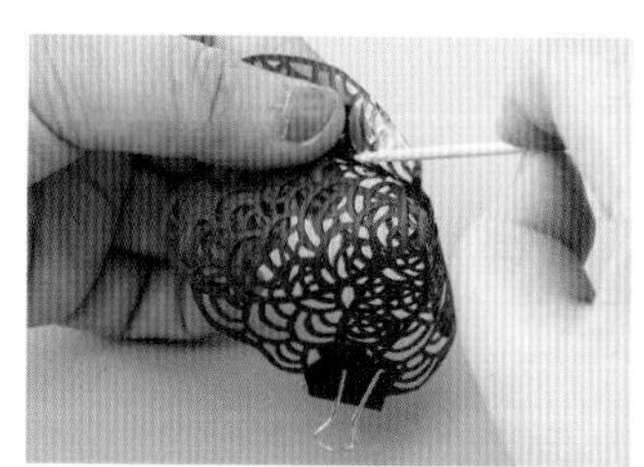

6 꽃잎이 흩어지지 않도록 적당히 본드를 발라 고정한다.

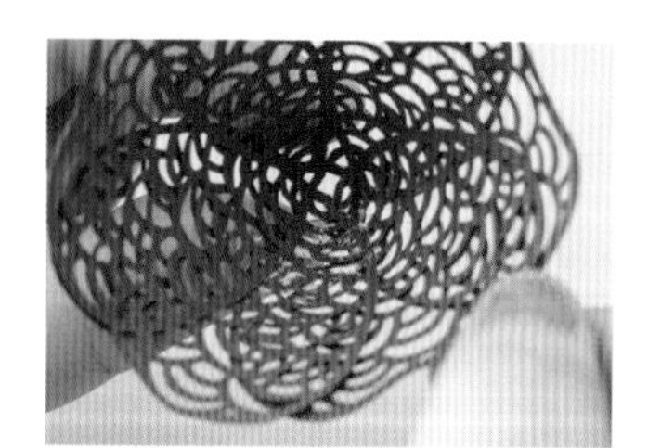

7 원뿔 모양으로 만들었을 때 중심에 커다란 구멍이 생기지 않도록 주의한다.

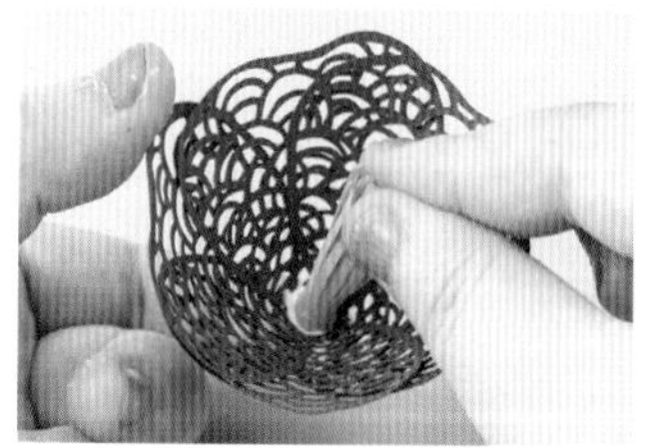

8 꽃심 만드는 방법(P.68)을 참조하여 꽃심을 만들고 아랫부분에 본드를 발라 7의 중심에 붙인다.

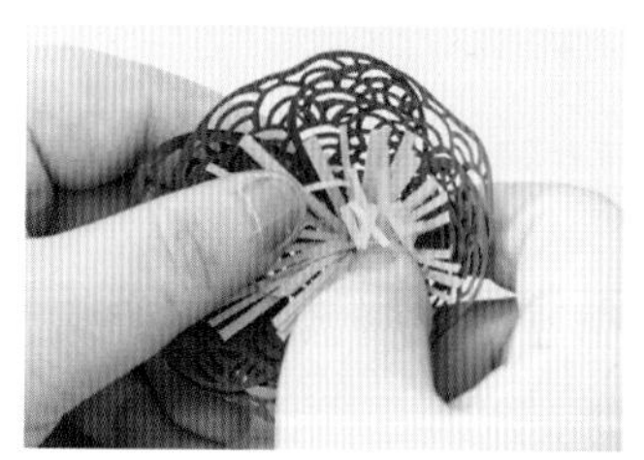

9 꽃심을 손가락으로 누르거나 하여 자연스럽게 펼친다.

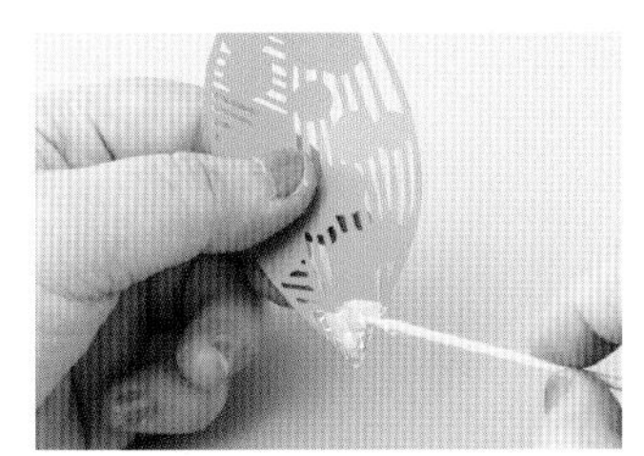

10 잎의 밑부분에 본드를 바른다.

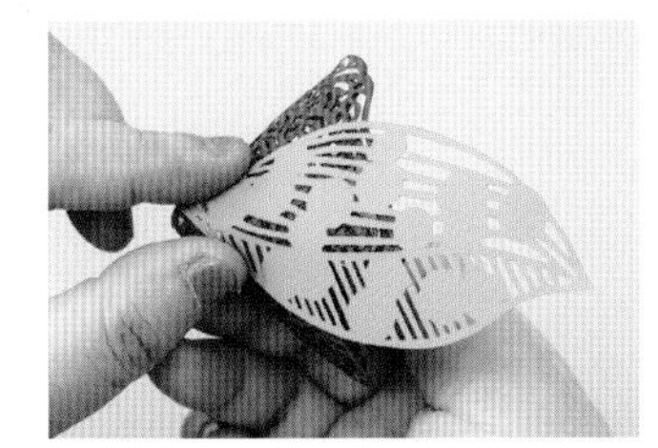

11 잎을 꽃의 둘레를 따라 붙인다.

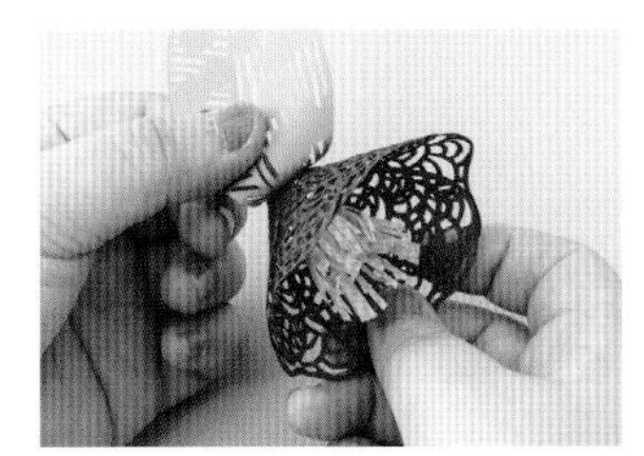

12 잎의 아랫부분을 들어 올리듯 구부려 모양을 잡는다.

13 꽃잎의 끝을 바깥쪽으로 구부려 모양을 잡아 완성한다.

33 매화

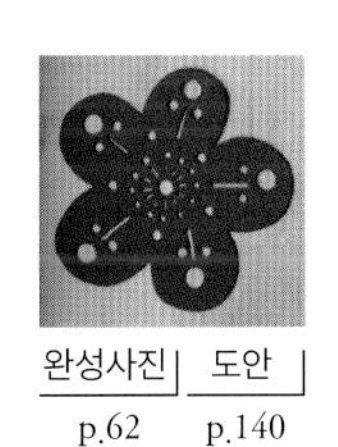

완성사진 p.62 | 도안 p.140

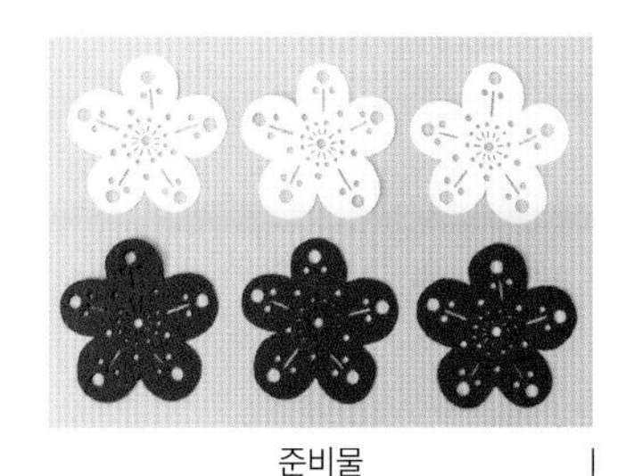

준비물

자르는 것만으로 완성.

34 수선화

완성사진 p.64 | 도안 p.141

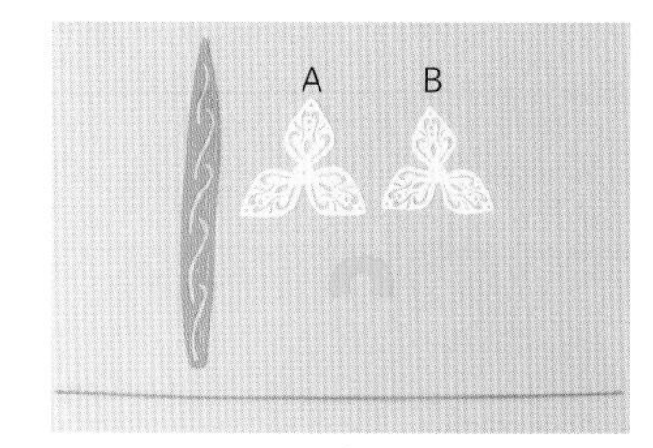

준비물

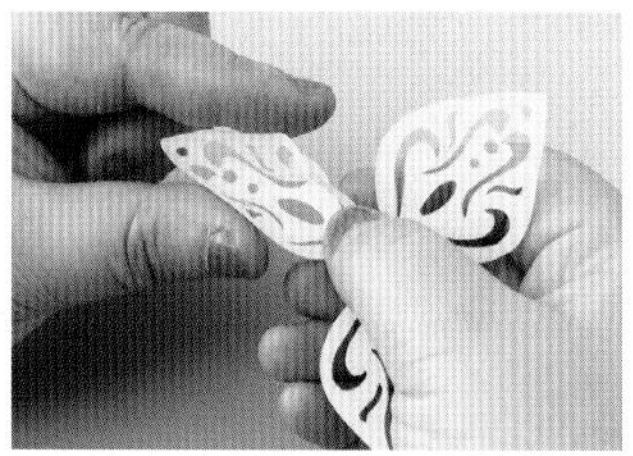

1 꽃잎 A의 양끝을 안쪽으로 눌러 둥글어지도록 모양을 잡는다. 꽃잎 B도 같은 방법으로 모양을 잡는다.

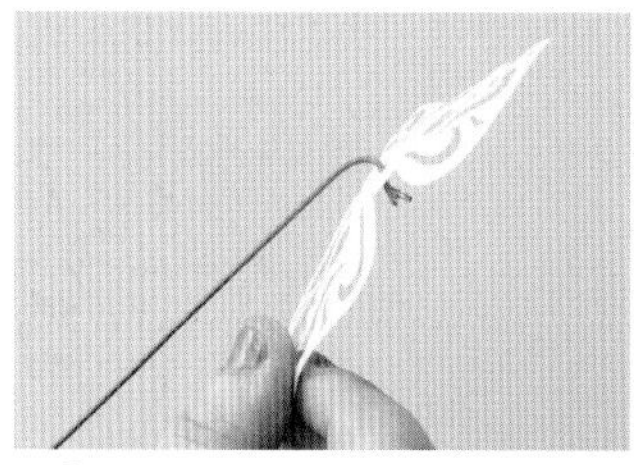

2 1의 꽃잎 A의 중심에 두꺼운 와이어를 통과시키고 끝부분을 구부린다.

3 와이어 끝에 본드를 바르고 꽃을 고정한다.

4 꽃 뒷면 중심 부분에도 본드를 바르고 꽃을 고정한다.

5 꽃심을 감아 만들고 꽃잎 B의 중심에 본드를 발라 붙인다.

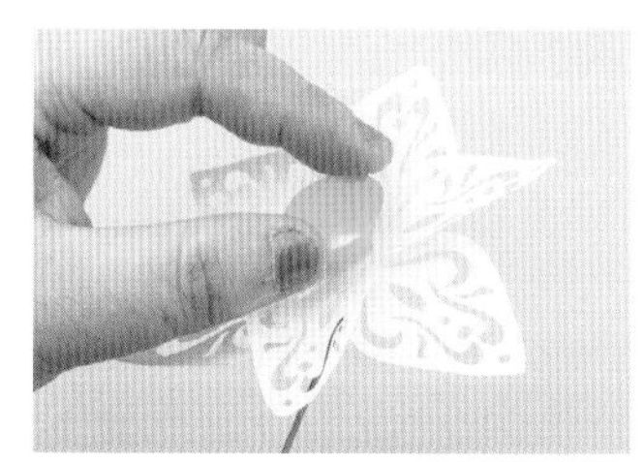

6 4의 중심 위에 본드를 바르고 5의 뒷면 중심이 사진과 같이 엇갈리도록 배치하여 붙인다.

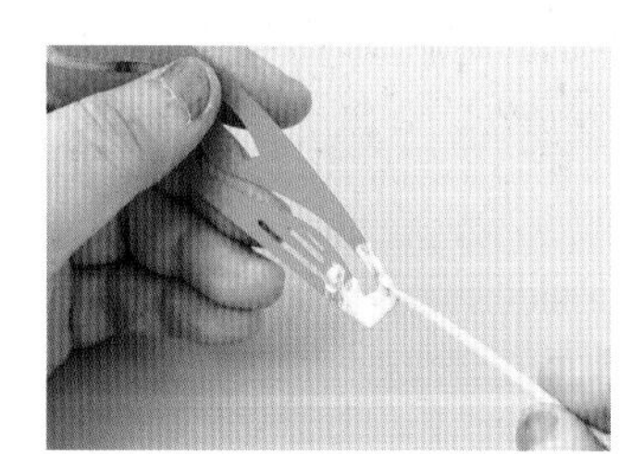

7 잎의 아랫부분에 본드를 바른다.

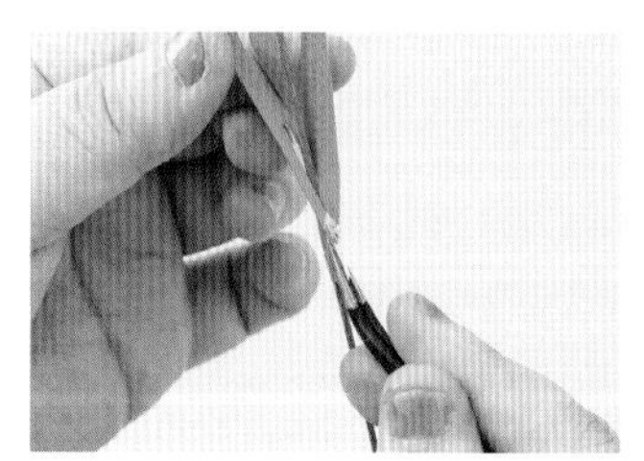

8 7의 잎에 6의 와이어를 끼우듯 넣어 붙인다.

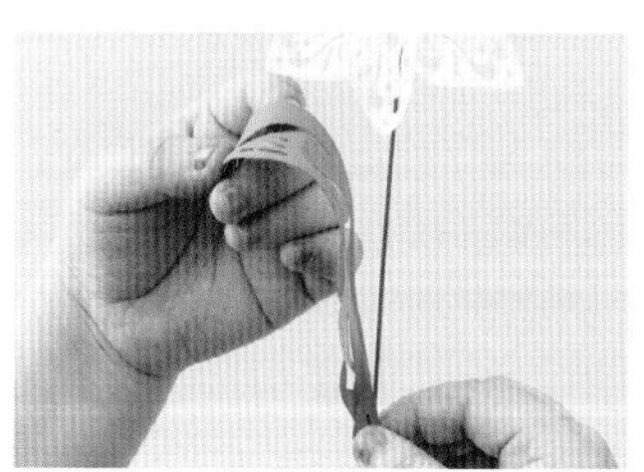

9 잎의 끝을 바깥쪽으로 구부려 모양을 내서 완성한다.

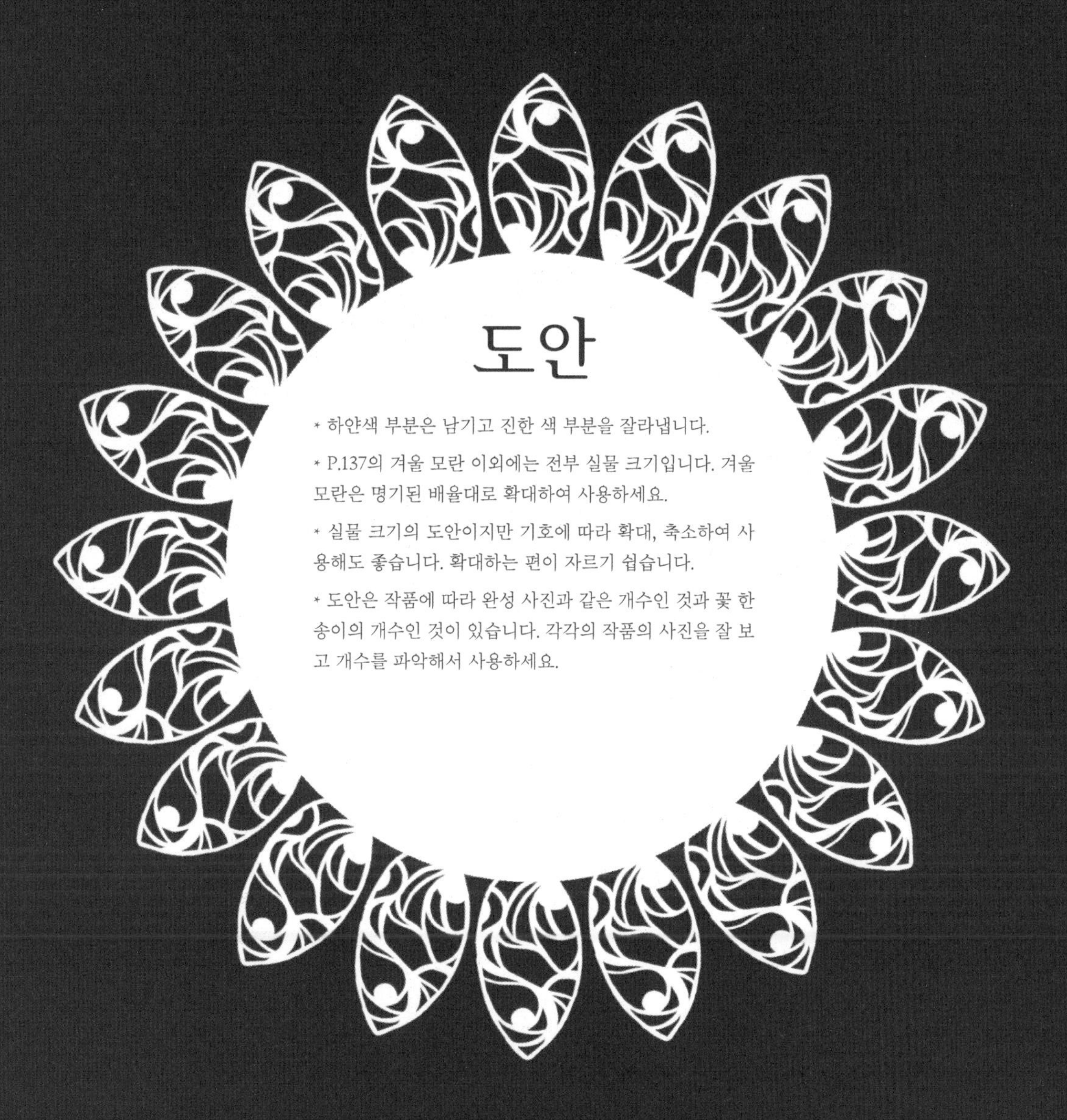

도안

* 하얀색 부분은 남기고 진한 색 부분을 잘라냅니다.

* P.137의 겨울 모란 이외에는 전부 실물 크기입니다. 겨울 모란은 명기된 배율대로 확대하여 사용하세요.

* 실물 크기의 도안이지만 기호에 따라 확대, 축소하여 사용해도 좋습니다. 확대하는 편이 자르기 쉽습니다.

* 도안은 작품에 따라 완성 사진과 같은 개수인 것과 꽃 한 송이의 개수인 것이 있습니다. 각각의 작품의 사진을 잘 보고 개수를 파악해서 사용하세요.

P.8-01

벚꽃

만드는 법

p.69

P.10-02

튤립 ❶

만드는 법
p.70

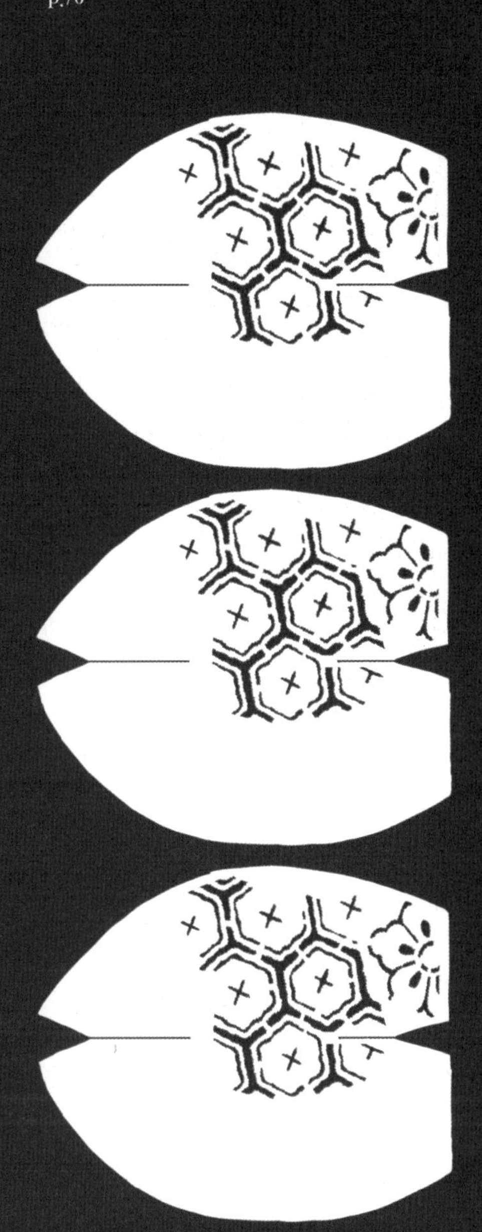

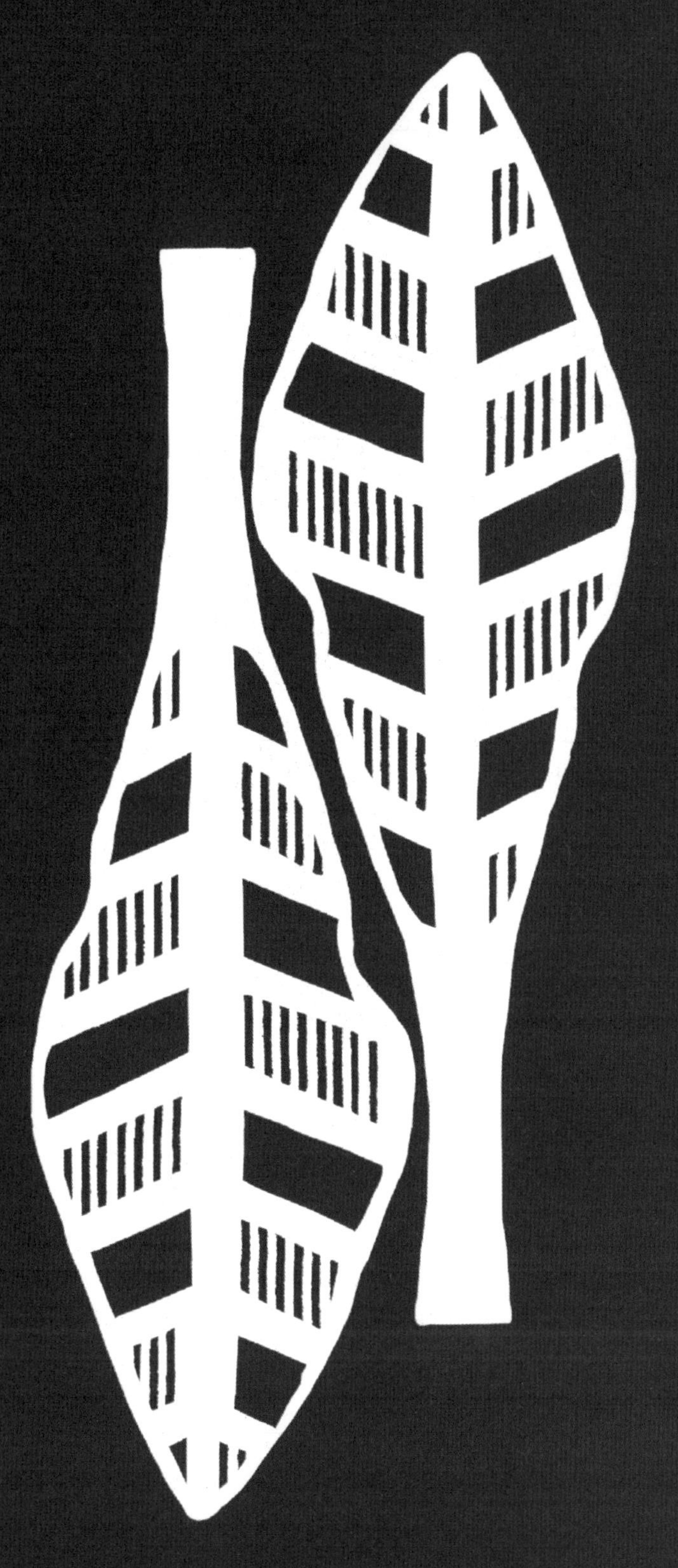

P.10-02

튤립 

만드는 법
p.70

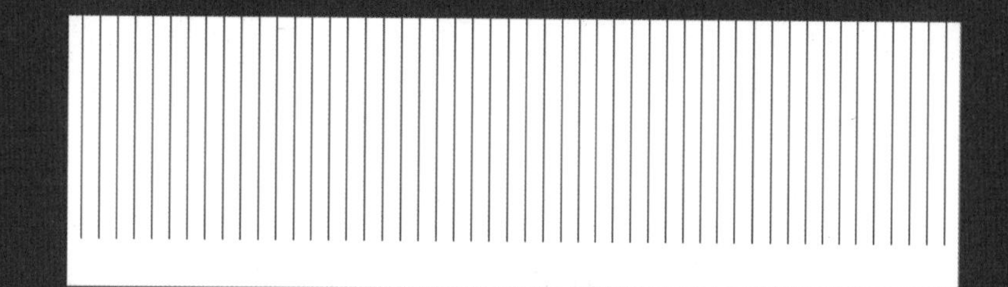

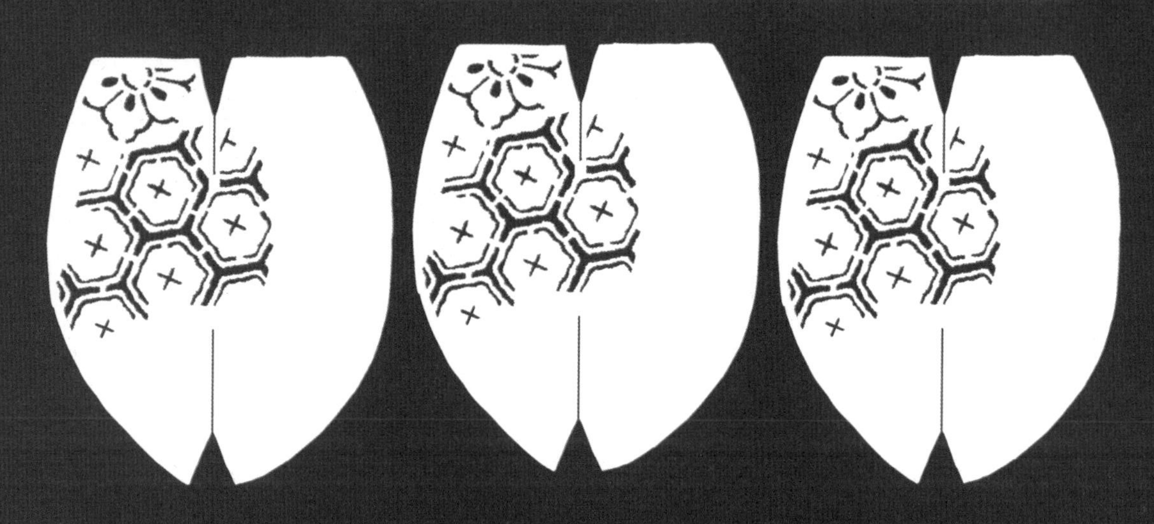

P.11-03

팬지

만드는 법
p.72

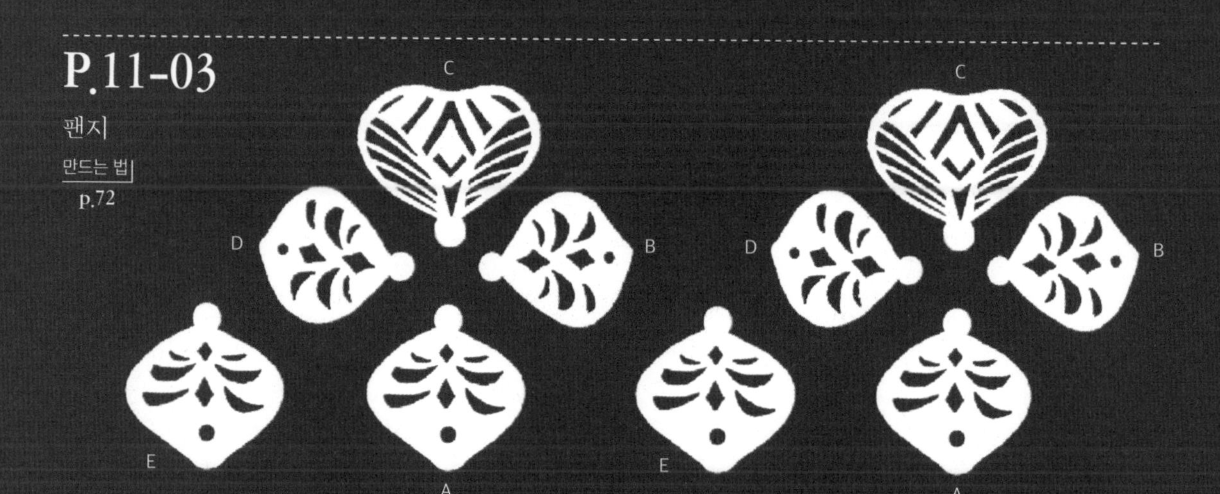

P.12-04

제비꽃

만드는 법
p.73

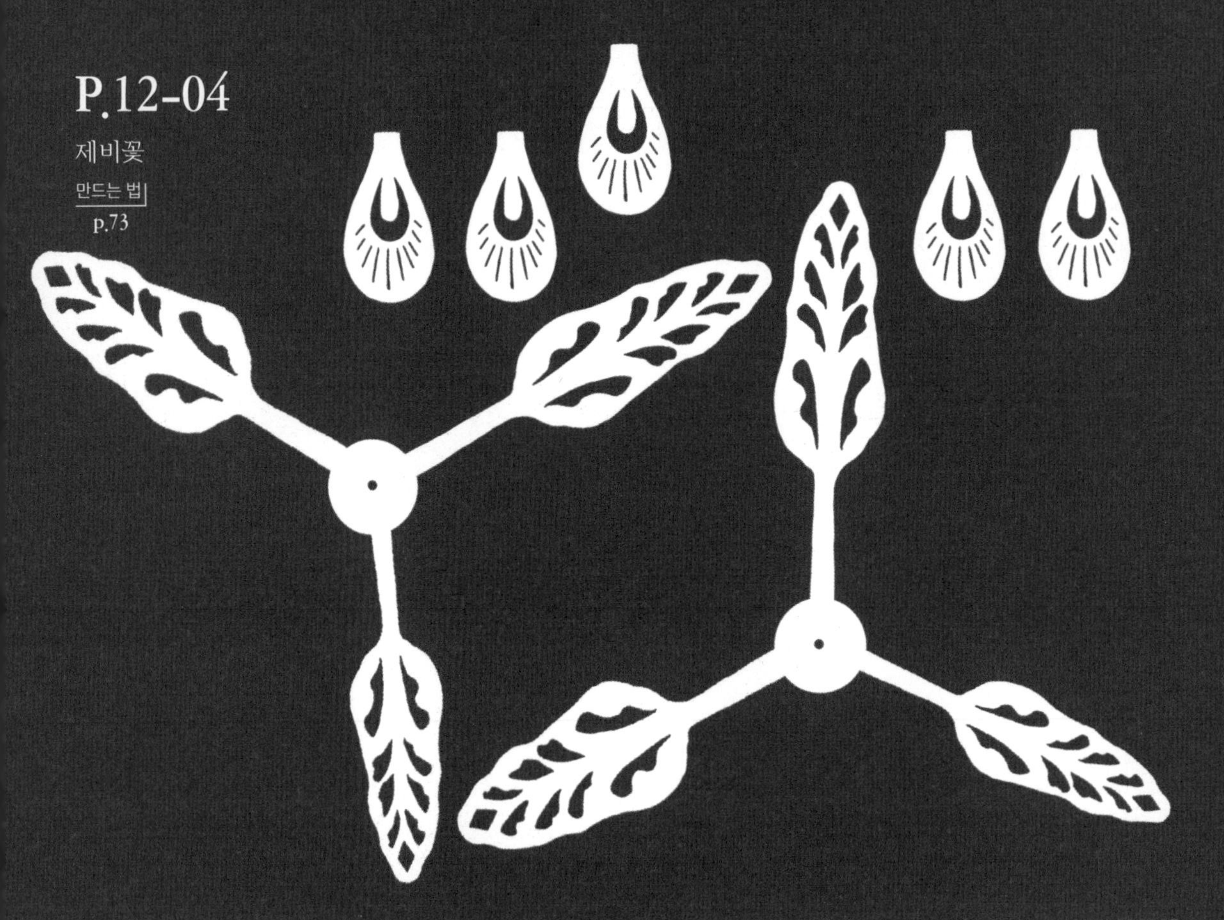

P.14-05

아네모네 ①

만드는 법
p.74

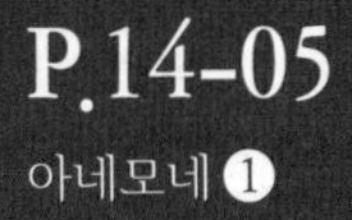

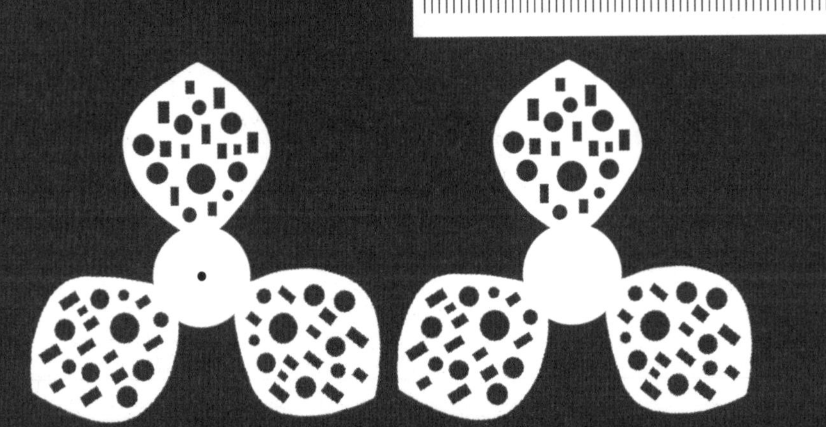

P.14-05

아네모네 ❷

만드는 법
p.74

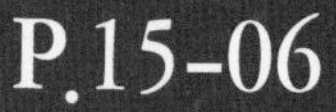

P.15-06

복숭아꽃

만드는 법
p.75

P.20-09

클레마티스

만드는 법
p.79

P.16-07

붓꽃

만드는 법
p.76

P.22-10

크로커스

만드는 법
p.80

P.18-08

마거리트

만드는 법
p.78

P.24-11

해바라기 ❶

만드는 법
p.81

P.24-11

해바라기 ❷

만드는 법
p.81

C

B

P.26-12

진달래

만드는 법
p.82

P.32-15

꽈리

만드는 법
p.86

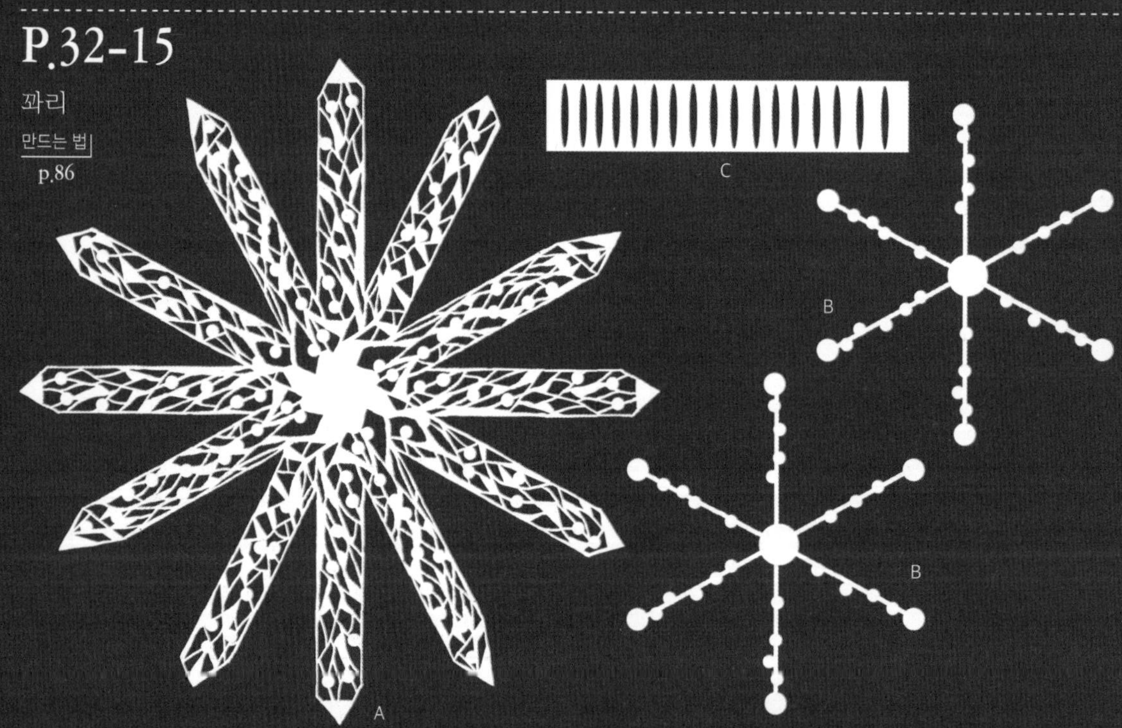

P.28-13

나팔꽃

만드는 법
p.83

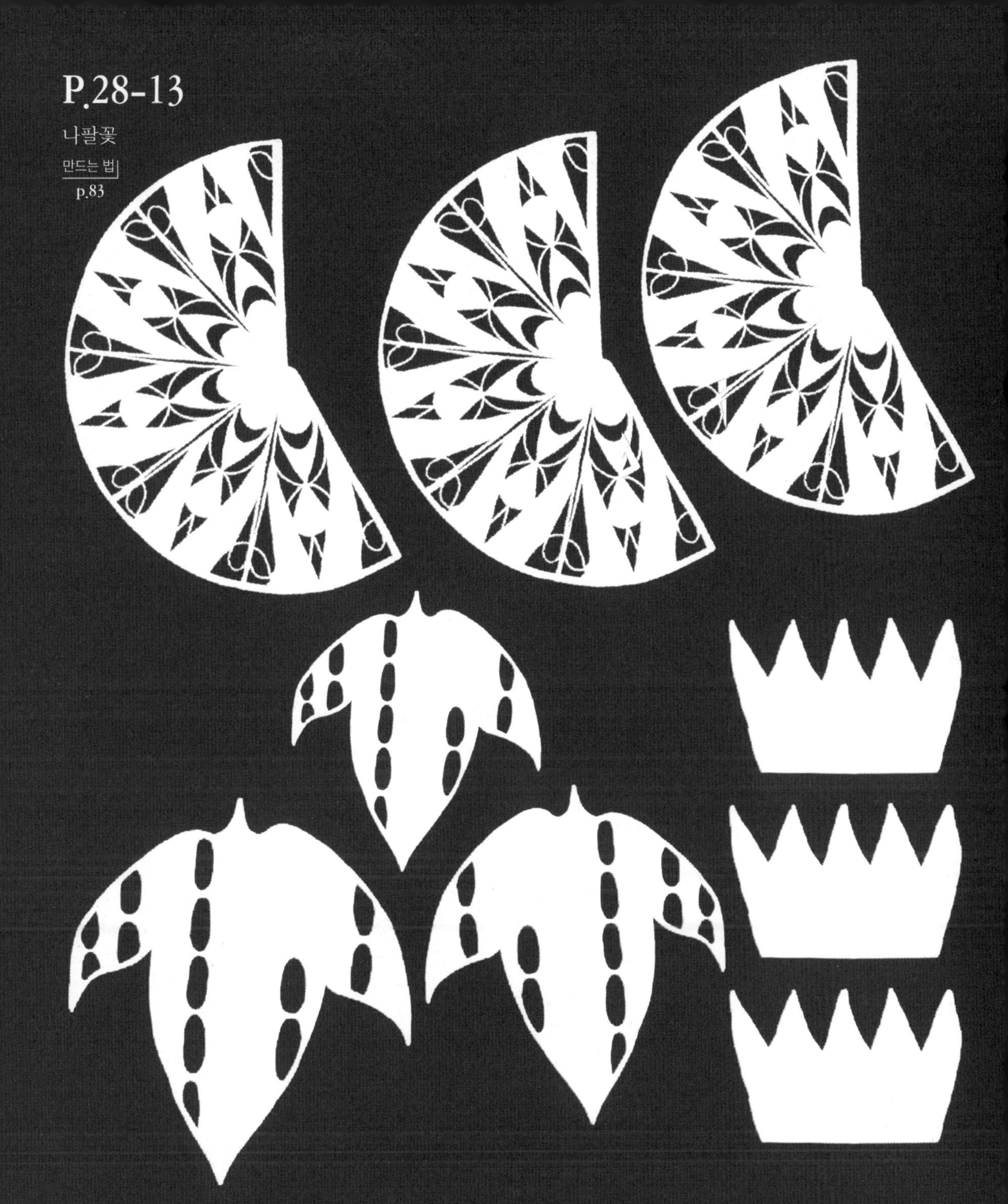

P.30-14

호접란 ❶

만드는 법
p.84

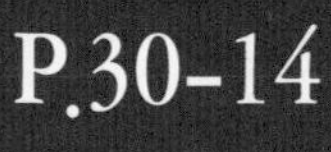

P.30-14

호접란 ②

만드는 법
p.84

C×4

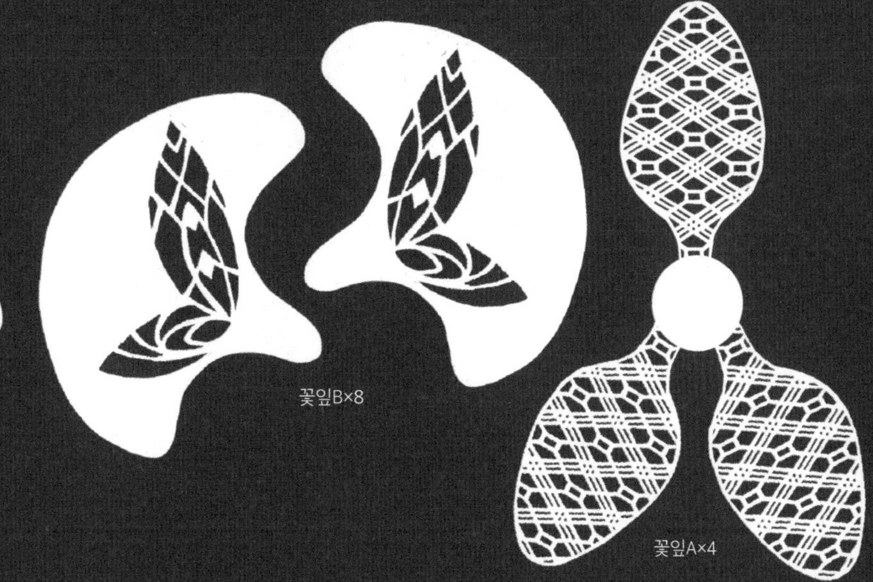

꽃잎B×8

꽃잎A×4

P.34-16

일일초

만드는 법
p.88

P.35-17

은방울꽃

만든는 법
p.89

P.36-18

장미

만드는 법
p.90

꽃잎A×4

꽃잎B×5

꽃잎C×3

꽃잎D×2

P.41-21

월하미인

만드는 법
p.94

P.38-19

수련 ❶

만드는 법
p.92

B

D

A

E

F

P.38-19

수련 ②

만든는 법
p.92

P.40-20

패랭이꽃

만든는 법
p.93

P.42-22

시계꽃

만드는 법
p.96

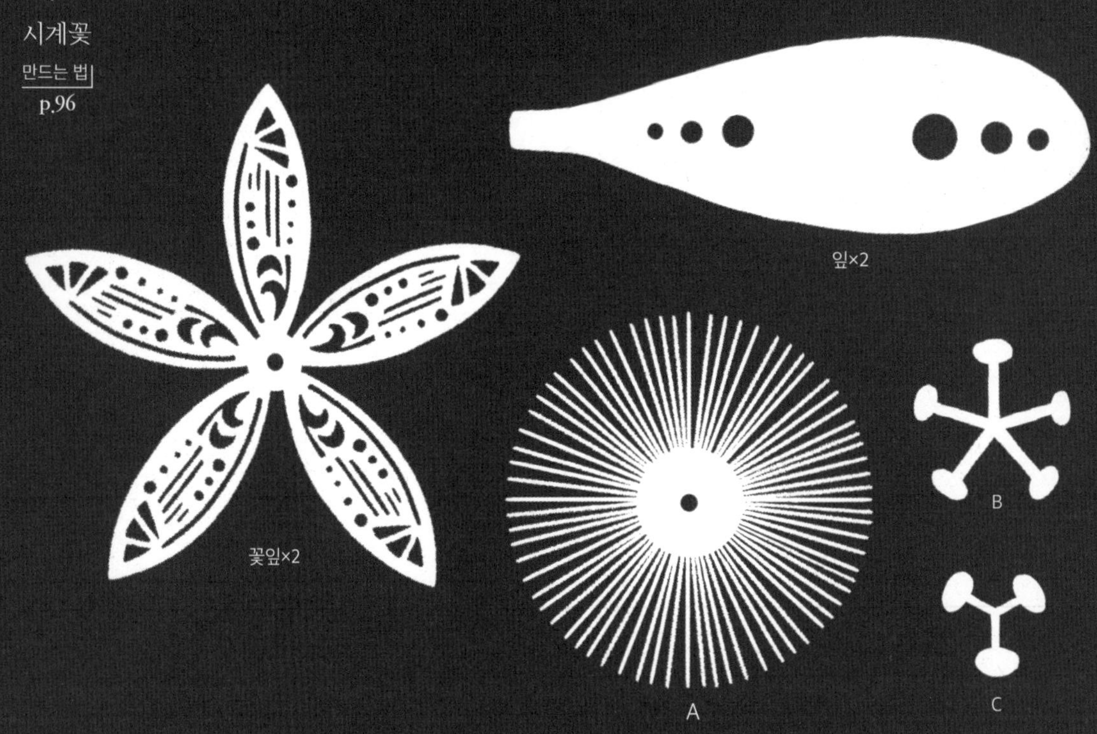

P.44-23

카네이션

만드는 법
p.100

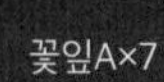

꽃잎A×7

꽃잎B×1

P.46-24

백합

만드는 법
p.98

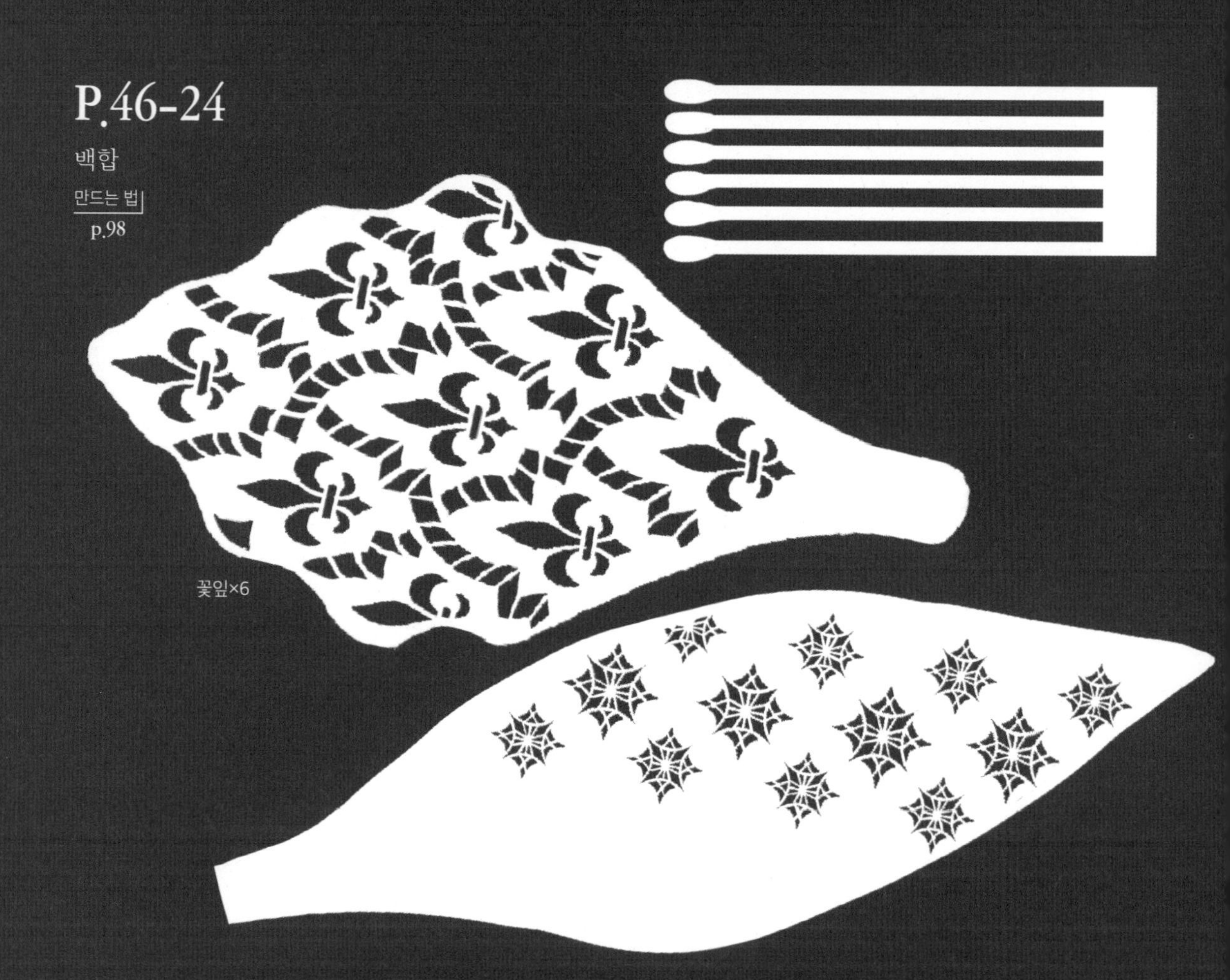

P.48-25

코스모스

만드는 법
p.101

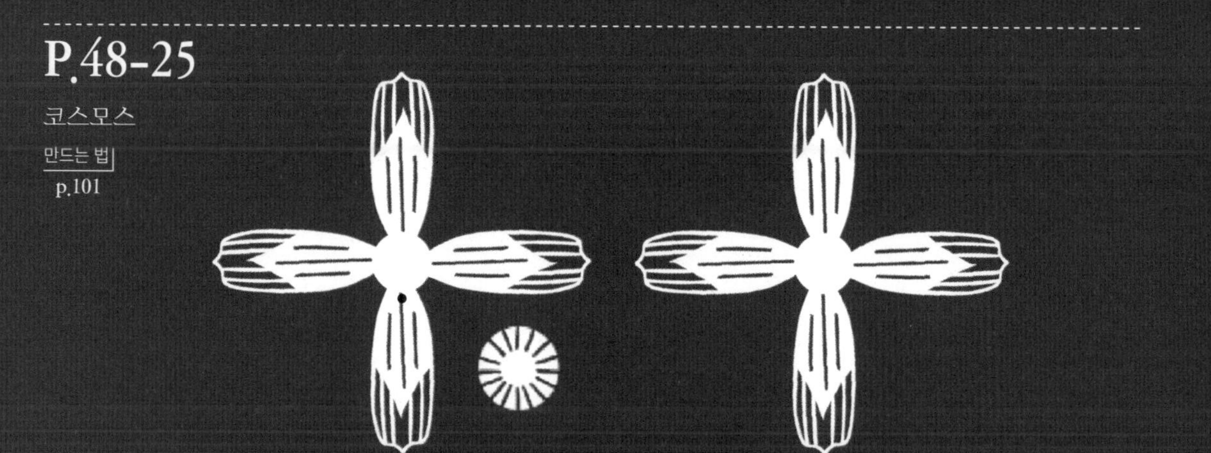

P.50-26

도라지꽃

만드는 법
p.102

P.52-27

꽃무릇 ①

만드는 법
p.103

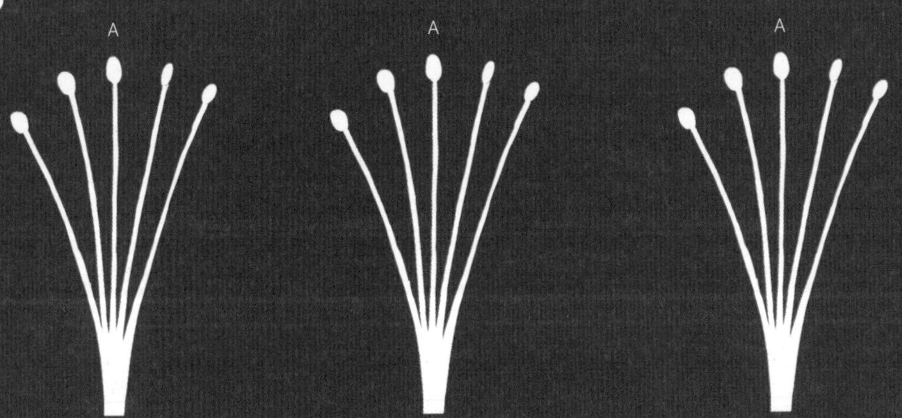

P.52-27

꽃무릇 ❷

만드는 법
p.103

B

B

B

B

B

A

A

P.54-28

버섯

만드는 법
p.104

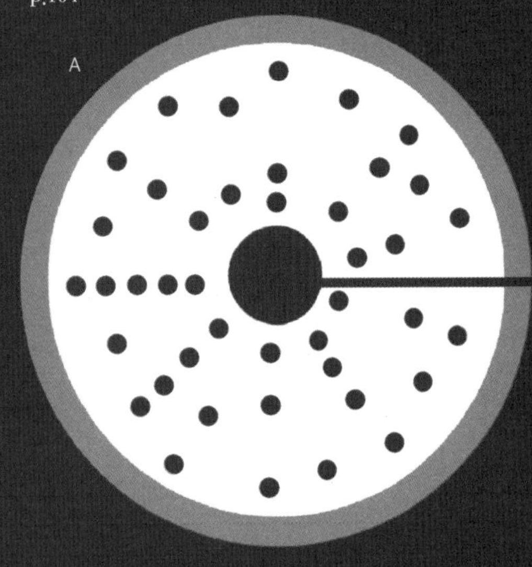

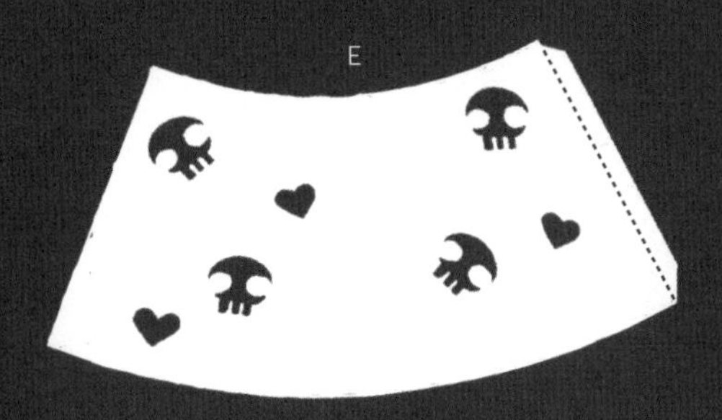

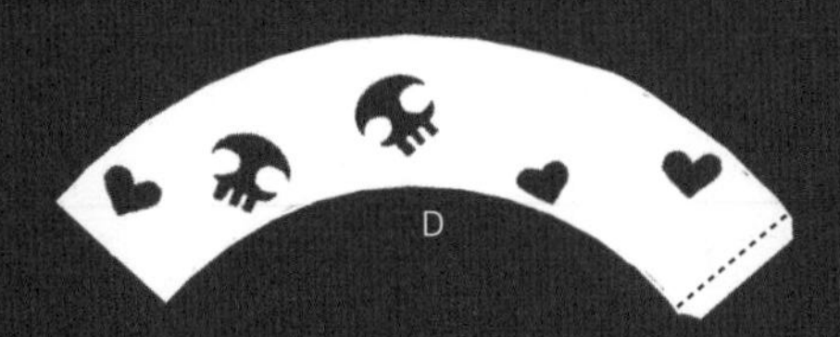

P.59-31

겨울모란 ※도안을 150% 확대해서 사용하세요.

만드는 법
p.108

꽃잎A×6

꽃잎B×12

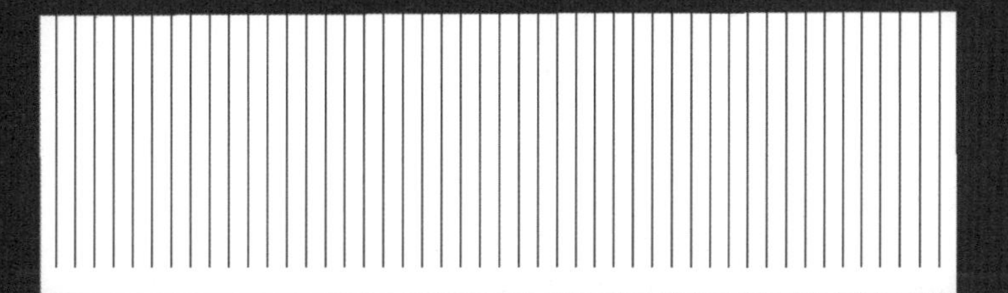

P.58-30

포인세티아 ①

만드는 법
p.107

B

E

C

A

P.58-30

포인세티아 ❷

만드는 법

p.107

P.56-29

겨울모란

만드는 법

p.106

꽃잎×3

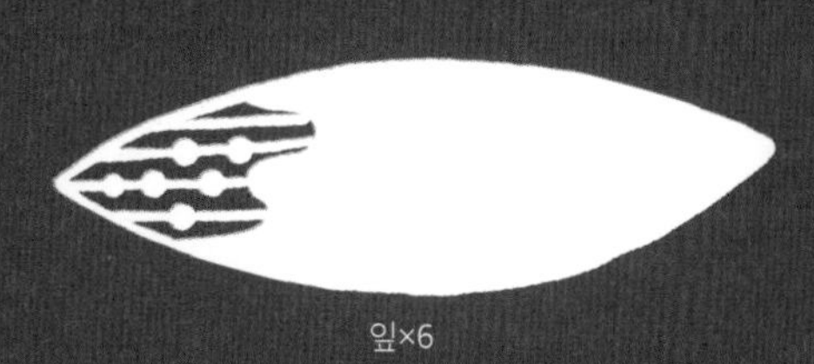

잎×6

P.60-32

동백꽃

만드는 법
p.110

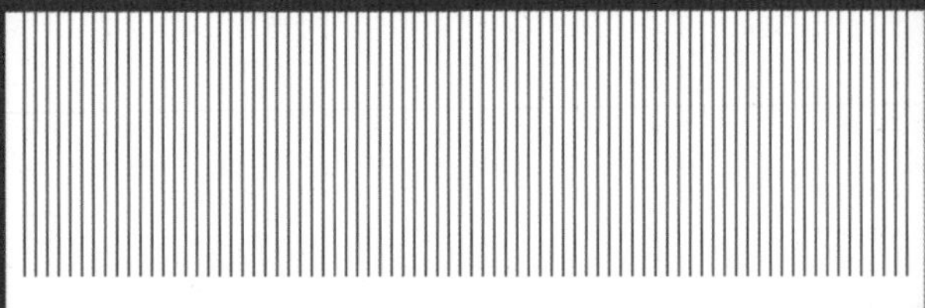

꽃잎×5

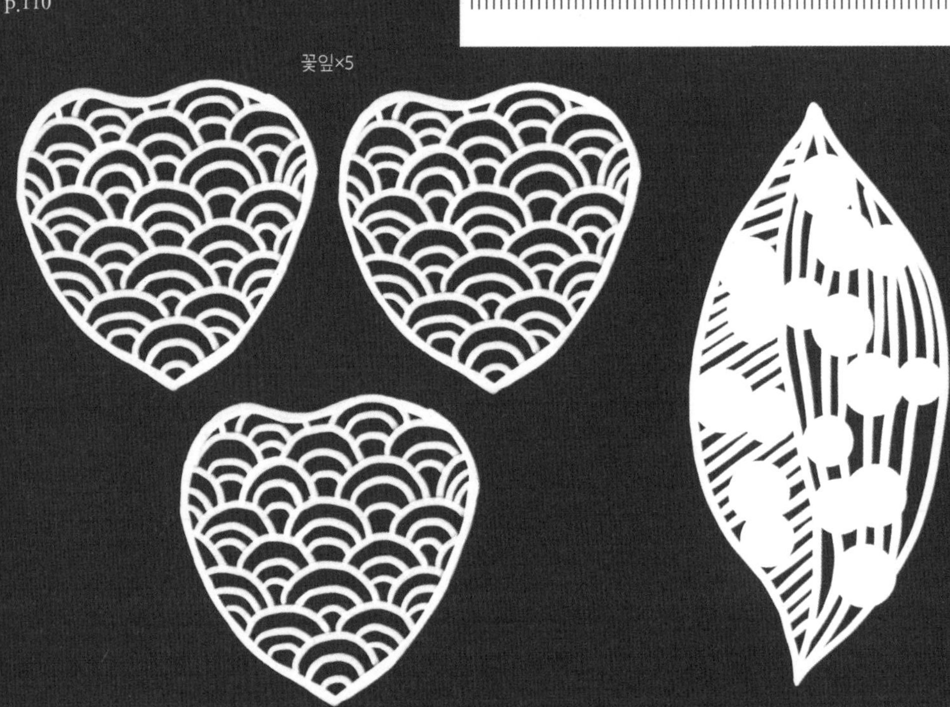

P.62-33

매화

만드는 법
p.111

꽃×6

P.64-34

수선화

만드는 법
p.112

P.28-13

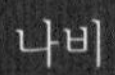

P.59-31

나비

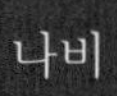

<STAFF>
EDITING : Yuka Tsuchida
PHOTOGRAPHY : Ayumu Muneno / Kanae Ikemizu
DESIGN : Nilson(Yukari Kimura+Rinko Katagiri)
STYLING : Kayoko Ueshima

예쁘다 하루 한 송이 입체꽃

1판 1쇄 펴냄 2019년 3월 15일

지 은 이 카지타 미키
옮 긴 이 송유선
펴 낸 이 정현순
디 자 인 박지영
인 쇄 (주)한산프린팅
펴 낸 곳 (주)북핀
등 록 제2016-000041호(2016. 6. 3)
주 소 서울시 광진구 천호대로 572, 5층 505호
전 화 070-4242-0525 / 팩스 02-6969-9737

ISBN 979-11-87616-60-3 13590
값 13,000원